KB067264

머신러닝 쉽게 이해하기

인공지능 시대를 앞서가기 위한 첫걸음

머신러닝 쉽게 이해하기

1판 2쇄 2020년 9월 22일
발행처 유엑스리뷰 | **발행인** 현명기 | **저자** 에템 알페이딘 | **옮긴이** 범어디자인연구소
주소 서울시 강남구 테헤란로 146 현익빌딩 13층 | **팩스** 070-8224-4322
등록번호 제333-2015-000017호 | **이메일** uxreview@doowonart.com

ISBN 979-11-955811-9-1 (93550)

인공지능 시대를 앞서가기 위한 첫걸음

머신러닝 쉽게 이해하기

에템 알페이딘 지음
범어디자인연구소 옮김

추천사

이 책은 최근 높은 관심을 받고 있는 주제들을 담아 간결하고 읽기 좋게 미국 MIT 출판부에서 제작한 "필수 지식 시리즈" 중 하나이다. 저명한 사상가들이 집필한 본 시리즈는 문화와 역사에서부터 과학과 기술까지 다양한 주제에 대한 전문가들의 개론을 제공한다.

오늘날 우리는 필요로 하는 정보를 바로 얻을 수 있으므로 언제든 어떤 의견이나 내용, 그리고 그에 관한 설명을 바로 접할 수 있다. 하지만 이에 비해 가장 기본적인 세계의 원리에 관한 정보를 주는 근본적 지식은 오히려 접하기가 더 어렵다. 이 책은 이러한 기초 지식에 대한 독자들의 욕구를 충족시켜줄 것이다. 비전문가들을 위하여 전문적인 주제들을 종합하고, 기본 원리를 관통하는 중요한 주제들을 집약함으로써 이 한 권의 책은 독자들에게 복잡한 개념에 대한 접근법을 제공할 것이다.

브루스 티도르Bruce Tidor

매사추세츠공과대학교MIT 생물공학과 및 컴퓨터과학과 교수

기획자의 말

인공지능의 시대, 비즈니스와 기술, 그리고 우리의 일상을 바꾸는 머신러닝

머신러닝은 인간의 뇌가 가진 학습 능력을 기계에 도입하는 기술이다. 데이터를 기반으로 컴퓨터가 스스로 새로운 알고리즘을 만들고 알아서 방대한 데이터를 학습하며 실력을 쌓는 것이다. 인공지능의 성능은 이런 방식으로 향상된다. 그 머신러닝으로 인해 기계가 인간의 능력을 초월하는 수준에 이르렀다. 한때 커다란 화제가 되었던 프로 바둑기사 이세돌 9단과 인공지능 알파고의 바둑 대결이 그러한 현실을 입증했다. 머신러닝은 기존의 산업 전반을 빠르게 변화시키고 있다. 세계경제포럼의 클라우스 슈밥 회장은 4차 산업혁명의 특징 중 하나로 머신러닝을 꼽았다. 머신러닝의 가능성은 무궁무진해서 미래의 여러 첨단기술이 머신러닝을 기반으로 하게 될 것이다.

4차 산업혁명을 주도하는 것은 기계가 아니라 기계를 사용하는 인간이다. 여러분이 직접 학습해야만 했던 여러 가지 문제들을 앞으로는 기계가 해결해줄 수 있을 것이다. 정보의 습득보다 정보의 활용이 더 중요해질 것이다. 여러분이 학습해야 할 지식을 기계가 대신 기억하고 응용하도록 도와준다는 말이다. 단, 그것은 여러분이 머신러닝을 어디에 적용하고 어떤 결과가 나올지 알고 있을 때 더욱 큰 효과를 낼 것이다.

인간 고유의 작업에 계속해서 인공지능이 도입됨에 따라 머신러닝을 활용할 수 없는 개인과 조직은 점차 경쟁력을 잃게 될 것이다. 거의 모든 비즈니스가 머신러닝을 중심으로 재편될 것이며, 일상의 서비스 대부분이 머신러닝으로 이루어질 것이므로 향후 비즈니스의 방향을 어떻게 설정할 것인지, 어떤 데이터를 어떻게 응용할지 알려면 먼저 머신러닝에 대해 제대로 이해해야 한다.

이 책은 머신러닝과 딥러닝, 그리고 인공지능에 대한 개괄적 이해를 필요로 하는 모든 사람들을 위한 핵심 내용을 담고 있다. 이제 머신러닝은 개발자들과 공학자들의 전유물이 아니다. 그래서 이 분야를 다루는 다른 책들과 달리 이 책에서는 공학적 배경지식 없이도 누구나 읽을 수 있게끔 복잡한 수식을 배제하고 인공지능의 원리를 이해하는 데 기본이 되는 개념들을 선별하여 군더더기 없는 설명을 제공한다. 전공자나 전문가에게는 지식을 정리하는 데 도움이 될 것이다. 여러분이 4차 산업혁명의 시대를 대비하는 데 이 책이 좋은 가이드가 되길 바란다.

머리말

지난 20년 동안 컴퓨터 과학 분야에서는 조용한 혁명이 일고 있었다. 요즘 들어 우리는 자체적으로 학습하는 컴퓨터 프로그램들이 나타나는 것을 더욱더 자주 목격하고 있다. 여기서 자체적으로 학습을 한다는 말은 곧 소프트웨어가 주어진 작업의 요구사항을 더 완벽하게 충족시키기 위해 자동적으로 행동 패턴을 조정할 수 있다는 것을 의미한다. 현재에는 사람의 얼굴 및 음성을 인식하고, 자동차를 운전하거나 영화를 추천하기 위해 학습하는 프로그램 등이 생겨났으며, 미래에는 이러한 프로그램들이 훨씬 더 많은 일들을 하게 될 것이다.

과거에는 프로그래머가 프로그래밍 언어로 알고리즘을 코딩함으로써 컴퓨터가 해야 할 일을 정의했었다. 하지만 현재는 (일부 작업에 있어) 프로그래머의 역할은 더 이상 프로그램을 직접 작성하는 것이 아니라 데이터를 수집하는 것이다. 여기서 말하는 데이터는 이루어져야 하는 작업에 대한 인스턴스들instance(같은 클래스에 속하는 개개의 객체-옮긴이)을 포함하고 있으며, 학습 알고리즘은 본 데이터에 명시되어 있는 요구사항을 충족시키기 위한 방식으로 자동적으로 러너 프로그램을 수정한다.

지난 세기 중반에 컴퓨터가 출현한 이후로, 우리의 삶은 점점 더 전산화되어 왔으며 디지털화되어 왔다. 컴퓨터는 더 이상 단순한 숫자 계산기가 아니다. 데이터베이스와 디지털 미디어가 정보 저장의 주된 매체가 되면서 자연스럽게 종이로 된 출력물을 대체하게 되었고, 컴퓨터 네트워크를 넘어서는 디지털 커뮤니케이션이 주된 정보 전달 방식으로서의 자리를 대신하게 되었다. 처음에는 사용하기 쉬운 그래픽 인터페이스를 갖춘 개인용 컴퓨터로, 그다음에는 전화기와 기타 다른 스마트 기기로 진화해가며, 컴퓨터는 유비쿼터스 기기이자 TV나 전자레인지와 같은 가전제품이 되었다.

오늘날에는 숫자와 텍스트뿐만 아니라 이미지, 비디오, 오디오 등 모든 종류의 정보가 온라인 연결 덕분에 저장되고, 처리되며, 디지털 방식으로 전달될 수 있다. 이 모든 디지털 처리는 데이터가 급증하는 현상(우리는 이것을 데이터의 지진이란 의미로 "데이터퀘이크dataquake"라고 부른다.)을 일으켰는데, 이는 데이터 분석 및 머신러닝 분야에 널리 퍼진 관심을 유발한 주된 요인으로 볼 수 있다.

시각부터 음성까지, 그리고 번역에서 로보틱스robotics에 이르기까지 많은 응용들에 대하여 우리는 1950년대부터 시작하여 수십년 동안 연구를 했음에도 불구하고 아주 우수한 알고리즘을 만들어내지는 못하였다. 하지만 이러한 작업에 대한 데이터를 이제는 쉽게 수집할 수 있다. 이를 위한 알고리즘을 데이터로부터 자동으로 학습하여 프로그래머를 학습 프로그램으로 대체하고자 하는 것이 머신러닝의 집중 영역이다. 지난 20년 동안 데이터의 양은 지속적으로 증가했을 뿐만 아니라 데이터를 지식으로 변환하는 머신러닝의 이론 역시 주목할 만한 수준으로 발전하였다.

오늘날, 소매업과 금융업에서 제조업에 이르기까지의 여러 다른 유형의 비즈니스들에서는 시스템이 전산화됨에 따라 더 많은 데이터가 지속적으로 생성되고 수집된다. 이러한 변화는 천문학에서 생물학에 이르기까지 다양한 과학 분야에서도 일어나고 있다. 우리의 일상생활 역시 마찬가지다. 디지털 기술이 모든 일상에 점점 더 깊이 침투함에 따라 우리는 소비자이면서 동시에 사용자로서 소셜 미디어를 통해 더 깊은 '디지털 발자국'을 남긴다. 인간의 삶은 점점 더 크게 기록되고 있으며 데이터가 되고 있다. 그 근원이 비즈니스든, 과학이든, 개인적인 일이든 상관없이 수동적으로 존재하는 데이터는 더 이상 쓸모가 없어졌다. 이로 인해 똑똑한 사람들은 데이터를 사용해 이를 유용한 제품이나 서비스로 바꾸어주는 새로운 방법들을 모색해왔다. 이러한 변화 속에서 머신러닝은 더 중대한 역할을 하고 있다.

복잡하고 방대한 것처럼 보이는 이 모든 데이터의 이면에는 단순하게 설명할 수 있는 무언가가 존재한다는 믿음이 있다. 데이터의 크기가 크다 할지라도 그것은 적은 수의 숨겨진 요인들과 그것들의 상호작용을 통해 비교적 단순한 모델로 설명할 수 있다. 예를 들어, 온라인이나 지역 슈퍼마켓에서 수천 개의 제품을 구매하고 있는 수백만 명의 소비자들에 대해 상상해보자. 이 수치는 방대한 거래 데이터베이스를 나타낸다. 하지만 우리에게 도움이 되는 것은 이러한 구매 데이터에 패턴이 있다는 것이다. 사람들은 임의로 아무 물건이나 구매하지 않는다. 파티를 여는 사람은 그에 필요한 특정 제품의 부분 집합을 구매하고, 집에 아기가 있는 사람은 아기와 관련된 물건의 부분 집합을 구매할 것이다. 이는 고객들의 행동을 설명하는 숨겨진 요인들이 있다는 것이다. 관측된 데이터로부터 그 드러나지 않은 요인들과 그것들의 상호작용에 대한 추론이 머신러닝의 핵심이다.

머신러닝은 단지 데이터로부터 정보를 추출하는 방법에 관한 상업적 응용이 아니다. 여기서 러닝(학습)은 지능의 필수 조건이기도 하다. 지능 시스템은 환경에 적응할 수 있어야 하며 실수를 반복하지 않고 성공만 반복하는 법을 학습해야 한다. 이전의 연구자들은 인공지능을 현실로 만들기 위해서는 새로운 패러다임, 새로운 사고방식, 새로운 계산 모델, 혹은 완전히 새로운 알고리즘 집합이 필요하다고 믿었다. 다양한 영역에서 머신러닝이 거두었던 최근의 성공들을 고려해보면, 우리에게 필요한 것은 새로운 특정 알고리즘 집합이 아니라, 데이터로부터 필수적인 알고리즘들을 부트스트랩(그 자체의 작동에 의해서 어떤 소정의 상태로 이행하도록 설정되어 있는 방법)하면서 이러한 데이터의 학습 기법을 운영하는 데 필요한 수많은 사례 데이터와 충분한 계산 능력이라고 주장할 수 있다.

기계 번역이나 기획과 같은 작업은 비교적 단순하고 방대한 양의 사례 데이터로 훈련할 수 있는 학습 알고리즘으로 해결할 수 있음을 예측할 수 있다. '딥러닝deep learning'에 대한 최근의 성공이 이 주장에 무게를 싣는다. 지능은 어떤 특이한 공식에서 나오는 것이 아니라 단순하고 복잡하지 않은 알고리즘들을 토막내며 탐색하는 인내심 있는 사람들로부터 비롯되는 것 같다.

기술이 발달하며 더 빠른 컴퓨터와 더 많은 데이터가 생겨남에 따라, 학습 알고리즘은 좀 더 높은 층위의 지능을 생성할 것이다. 그리고 이는 더 똑똑한 기기와 소프트웨어의 새로운 집합에서 사용될 것으로 보인다. 이러한 유형의 학습된 지능이 이 세기가 끝나기 전에 언젠가 인간의 지능과 비슷한 수준에 도달한다 하여도 그리 놀랍지 않을 것이다.

이 책과 관련한 작업을 하는 동안 가장 명성 높은 과학 학술지 중 하나인 사이언스Science 지가 2015년도 7월 15일 판(349권, 6245호)에서 인공지능에 대한 특별 섹션을 다루었다. 그 제목은 인공지능에 대한 집중을 공표했지만, 지배적인 논제는 머신러닝이었다. 이는 머신러닝이 현재 인공지능의 원동력이라는 것을 나타내는 또 다른 지표다. 1980년대에 로직 기반으로 프로그래밍된 전문가 시스템에 대해 실망한 이후로, 머신러닝은 그 영역을 다시 되살렸고 중요한 결과들을 양산하고 있다.

이 책의 목표는 독자들에게 머신러닝이 무엇인지에 대해 전반적인 설명을 제공하고, 일부 중요한 학습 알고리즘의 기본사항들과 응용 사례들을 알려주는 것이다. 이 책은 의도적으로 일반 독자들이 읽을 수 있도록 저술한 것이며, 필수적인 학습 기법들을 수학이나 프로그래밍과 관련된 상세한 기술 없이 설명한다. 머신러닝의 응용에 대해서도 너무 세부적으로는 다루지 않는다. 개개의 사항들을 깊이 설명하지 않고 기본적인 것들을 전달하는 데에는 충분할 만큼 많은 사례들을 다루었다.

머신러닝 알고리즘에 대한 더 많은 정보를 얻고자 하는 독자들은 필자의 저서 『머신러닝 개론(Introduction to Machine Learning, MIT Press, 2014) 3판』을 참고하길 바란다. 이 책에서 다룬 내용의 상당 부분은 그 책을 기반으로 한 것이다.

이 책의 내용은 다음과 같이 구성되어 있다.

1장에서는 머신러닝에 대한 관심을 유발하는 현재 상황에 맥락을 두고, 컴퓨터 과학의 진화와 그 응용 방식에 대해 간략히 다룬다. 또한 디지털 테크놀로지가 많은 자료를 대량으로 고속 처리하는 중앙처리장치에서 개인용 컴퓨터로, 이후에는 온라인 및 모바일 스마트 기기로 어떻게 발전했는지에 관한 내용을 다룬다.

2장에서는 머신러닝의 기본적인 내용을 소개하며, 머신러닝이 모델 일치model fitting 및 일부 간단한 응용 프로그램에 대한 통계학과 어떤 관계가 있는지 설명한다. 대부분의 머신러닝 알고리즘은 지도supervised를 받으며, 3장에서는 이런 알고리즘들이 얼굴 인식이나 음성 인식과 같은 패턴 인식에 어떻게 사용되는지에 대해 논할 것이다.

4장에서는 인간의 두뇌로부터 영감을 받은 인공 신경망과 이 네트워크가 학습하는 방식, "심층적인deep" 다수의 계층들로 이루어진 네트워크가 다양한 형태의 추상성abstraction으로 계층을 학습하는 방식을 다루었다.

또 다른 형태의 머신러닝은 지도를 받지 않으며unsupervised, 여기에서의 목적은 예시들 사이의 관계를 학습하는 것이다. 5장에서는 특정 응용 사례로써의 고객 세분화 및 학습 추천에 대해 이야기할 것이다.

6장은 강화 학습에 대한 내용으로, 무인자동차와 같은 자율 에이전트가 보상을 최대화하고 처벌은 최소화하기 위한 환경에서 행동을 취하는 법을 다룬다.

7장은 미래의 방향성과 고성능 클라우드 컴퓨팅까지를 아우르며 새롭게 제안된 '데이터 과학'의 영역에 대해 논함으로써 결론을 내린다. 또한 데이터 프라이버시와 보안과 같은 윤리적이고 법적인 시사점에 대해서도 논할 것이다.

이 책은 최근 머신러닝 분야에서 어떤 일이 일어나고 있는지에 대해 빠르게 안내하는 것을 목표로 하며, 필자의 바람은 미래에는 어떤 일이 일어날 수 있을지 생각하는 것에 대한 독자들의 관심을 촉발하는 것이다. 오늘날 머신러닝은 분명 과학 분야에서 가장 흥미로운 영역 중 하나로, 다양한 부문의 기술 발달을 촉진시키고 있다. 그리고 이미 우리의 삶의 모든 분야에 영향을 미치는 일련의 감동적인 응용applications을 생성해왔다. 이 책을 쓰는 일은 매우 즐거운 과정이었다. 여러분도 이 책을 즐겁게 읽기를 바란다!

익명의 검토자분들이 해주신 건설적인 코멘트와 제안에 대해서도 감사의 인사를 전한다. 늘 그렇듯이 MIT 출판부와 함께 작업한 것은 큰 기쁨이었으며 도움을 주신 케이틀린 카루소, 케이틀린 헨슬리, 그리고 메리 루프킨 리에게 감사드린다.

차례

제3장 패턴 인식

제4장 신경망과 딥러닝

1

우리가 머신러닝에 관심을 가지는 이유

디지털의 힘

The Power of the Digital

지난 50여 년 동안 우리의 삶에서 가장 큰 변화 중 상당 부분이 컴퓨팅 및 디지털 기술로 인하여 일어났다. 인류가 이전 세기 동안 발명하고 개발했었던 도구, 기기, 그리고 서비스들은 오늘날 'e-'라고 불리고 있는 전산화된 버전들로 점점 대체되어 왔으며, 인간은 그에 따라 계속해서 이 새로운 디지털 환경에 적응해가고 있다.

이러한 변화는 매우 빠른 속도로 진행되었다. 그 옛날, 그러니까 약 50년 전, 모든 것이 빛의 속도로 벌어지는 디지털 세계에서는 신화적인 과거가 된 일이지만, 당시 컴퓨터는 매우 비싼 물건으로 오로지 정부, 대형 회사, 대학, 연구센터 등과 같은 거대 조직에서만 구매할 수 있었다. 그런 거대한 곳들만이 컴퓨터를 확보하고 유지하는 데 들어가는 높은 비용을 감당할 수 있었기 때문이다. 아예 독립된 층이나 빌딩을 차지하는 컴퓨터 '센터들'은 전력을 굉장히 많이 잡아먹는 그 거대한 것들을 보관하였다. 그거대한 방에서는 자기 테이프magnetic tapes가 돌아갔고, 카드들이 (펀치로) 찍혔으며(디지털 정보 기록을 위해 문자나 기호가 대응하는 구멍의 배열로 코드화되어 있는 입출력 매체인 '펀치 카드'를 의미한다-옮긴이), 숫자들은 고속으로 처리되고, 컴퓨터의 버그 대신 진짜 벌레가 있었다.

컴퓨터의 가격이 점점 하락하게 되면서 더 많은 사람들이 컴퓨터를 접하게 되었고, 컴퓨터를 응용하는 분야 역시 늘어났다. 처음에 컴퓨터는 그저 계산기에 지나지 않았다. 컴퓨터는 덧셈, 뺄셈, 나눗셈, 그리고 곱셈을 통해 새로운 숫자를 계산했다. 컴퓨터 기술의 핵심 중 하나는 모든 정보를 숫자로 표현할 수 있다는 점이다. 이는 숫자를 처리하기 위해 사용되었던 컴퓨터가 이제는 모든 종류의 정보를 처리할 수 있음을 뜻한다.

더 정확히 말하자면, 컴퓨터는 모든 숫자를 0과 1로 구성된 이진수(비트)로 나타내는데, 이러한 비트열bit sequence은 숫자가 아닌 다른 정보를 나타낼 수도 있다. 예를 들어, '101100'은 44라는 숫자를 나타내기 위해 사용할 수 있으며, '1000001'은 65라는 숫자를 나타내며 상황에 따라 대문자 A를 뜻하기도 한다. 분야에 따라 컴퓨터 프로그램은 해석 중 시퀀스를 조정한다.

실제로 그러한 비트열은 숫자와 텍스트뿐만 아니라 다른 유형의 정보도 나타낼 수 있다. 예컨대, 사진의 색상이나 노래의 음정을 표현할 수도 있다는 것이다. 컴퓨터 프로그램조차도 비트의 연속이다. 더욱이, 이미지를 밝게 하거나 사진에서 얼굴을 찾는 것과 같은 정보 역시 비트열을 조작하는 명령어로 변환할 수 있다.

데이터를 저장하는 컴퓨터

Computers Store Data

컴퓨터의 강점은 모든 정보들을 디지털 방식으로 나타낼 수 있다는 사실에 있다. 또한 정보 처리의 모든 유형은 디지털 표시를 조작할 수 있는 컴퓨터 명령으로 작성할 수 있다.

이것의 결과는 데이터나 디지털 정보를 저장하고 조작하는 특화된 컴퓨터 프로그램인 데이터베이스로, 1960년대에 등장했다. 테이프나 디스크와 같은 주변 장치는 비트를 자기 방식대로 저장하므로 컴퓨터가 꺼져도 지워지지 않는다.

데이터베이스를 통해 컴퓨터는 데이터의 처리를 넘어서 디지털 정보를 표시할 수 있는 정보의 저장고가 되었다. 시간이 지나면서 디지털 매체는 굉장히 빠르고, 저렴하며, 믿을 수 있는 정보 저장 수단으로써 종이의 인쇄를 대체하였다.

1980년대 초부터 시작된 마이크로프로세서의 발명과 소형화, 그리고 비용 절감을 통해 개인용 컴퓨터는 점점 늘어나게 되었다. 개인용 컴퓨터는 작은 사업체에서도 컴퓨터를 사용할 수 있도록 만들었는데, 그중 가장 중요한 요인은 개인용 컴퓨터는 가전제품이 될 정도로 작고 저렴했다는 점이다. 큰 회사가 아니더라도 컴퓨터의 도움을 받을 수 있었다. 개인용 컴퓨터로 인해 모든 사람들이 컴퓨터로 작업을 할 수 있게 되었고, 디지털 기술이 민주화됨에 따라 전자제품 역시 발전하게 되었다.

그래픽 사용자 인터페이스(GUI, 화면상의 동작 목록을 그림으로 표현된 아이콘이나 메뉴로 보여주어 마우스로 컴퓨터를 사용하게 도와줌-옮긴이)와 마우스는 개인용 컴퓨터를 더욱 사용하기 쉽게 만들어주었다. 우리는 컴퓨터를 사용하기 위해 프로그래밍을 배우거나 복잡한 문법syntax의 명령어를 배워야 할 필요가 없다. 컴퓨터 화면은 파일, 아이콘, 심지어 휴지통까지 갖춘 가상의 탁상을 보여주는 우리의 작업 환경을 디지털로 복제한 것이다. 또한 마우스는 그런 것들을 읽어 들이거나 편집하기 위해 선택을 할 수 있는 가상의 손이다.

개인용 컴퓨터의 소프트웨어는 더 많은 종류의 데이터를 다루고 우리의 삶을 디지털 정보 속으로 끌어들여 컴퓨터를 상업적으로 사용하는 것뿐만 아니라 개인적인 목적을 위해서도 사용할 수 있게 만들었다. 우리는 글을 쓰고 개인적인 문서를 작성하기 위해 워드프로세서를 사용하고, 가계와 관련된 계산을 하기 위해 스프레드시트를 사용한다. 또한 음악이나 사진과 같은 취미를 위한 소프트웨어도 사용한다. 원한다면 게임도 할 수 있다! 컴퓨터를 사용하는 것은 일상적이고 즐거운 일이 되었다.

일상적인 응용 프로그램을 갖추고 사용자 인터페이스를 결합한 개인용 컴퓨터는 사람들과 컴퓨터 사이를 이어주는 큰 걸음이 되었다. 컴퓨터는 우리의 삶에 더 가깝게 들어왔으며 우리는 이와 같은 상황에 적응해갔다. 어느덧 컴퓨터를 사용하는 것은 운전하는 것처럼 꼭 필요한 기술이 되었다.

개인용 컴퓨터는 컴퓨터를 만인에게 보급하는 첫 번째 단계였다. 개인용 컴퓨터의 보급은 디지털 기술이 인간의 삶에서 커다란 부분을 차지하도록 만들었고, 이는 이 책에서 우리의 이야기를 할 때 가장 중요한 밑바탕이 되는 부분이다. 개인용 컴퓨터는 삶의 더 많은 측면을 디지털 기록으로 남길 수 있게 해주었다. 이것은 우리의 삶을 분석하고 학습할 수 있는 데이터로 변환하는 과정에 있어서 중대한 역할을 한 디딤돌이었다.

컴퓨터는 데이터를 교환한다

Computers Exchange Data

컴퓨터 개발에서 그 다음으로 중요한 것은 연결성connectivity이었다. 이전에는 정보를 교환하기 위해 컴퓨터들을 데이터 링크 방식으로 연결했었으며, 1990년대에 상업적 시스템이 보급되기 시작하면서 개인용 컴퓨터들을 서로 연결하거나 전화나 전용선으로 중심 서버에 연결할 수 있게 되었다.

컴퓨터 네트워크는 컴퓨터가 더 이상 고립되지 않은 상태로 멀리 있는 컴퓨터와 데이터를 교환할 수 있다는 의미를 내포하고 있다. 사용자는 자신의 컴퓨터에 있는 데이터뿐만 아니라 다른 곳의 데이터에도 접근할 수 있으며, 필요하다면 자신의 데이터를 다른 사용자에게 제공할 수도 있다.

컴퓨터 네트워크의 개발은 전 세계를 연결하는 컴퓨터 네트워크인 인터넷에서 매우 빠르게 정점을 찍었다. 인터넷은 컴퓨터에 접속할 수 있는 전 세계 모든 사람이 이메일을 쓰거나 하는 방식으로 정보를 다른 사람에게 보낼 수 있게 해주었다. 그리고 모든 자료와 기기가 이미 디지털 방식으로 되어 있기 때문에 우리가 공유할 있는 정보는 텍스트와 숫자를 넘어 그 이상의 것이 되었다. 이미지, 비디오, 음악, 연설, 어떤 것이든 전송할 수 있다.

컴퓨터 네트워크를 이용하면 디지털 방식으로 표시되는 정보를 누가 어디에 있든지 빛의 속도로 보낼 수 있다. 컴퓨터는 더 이상 데이터를 저장하고 처리하는 기계가 아니다. 컴퓨터는 정보를 전송하고 공유하는 수단이다. 디지털 연결성은 매우 빠르게 증가하였으며 디지털 정보 전달은 매우 빠르고, 저렴하며, 신뢰할 수 있게 되었다. 디지털 전송은 정보 전송을 위한 주요 기술로써 우편 대신에 사용되게 되었다.

'온라인'에 접속 중인 사람이라면 누구나 자신의 컴퓨터에 있는 데이터를 네트워크를 통해 다른 사람에게 제공할 수 있으며, 이러한 방식으로 월드와이드웹www이 탄생하였다. 사람들은 웹 서핑을 하며 다른 이들이 공유한 정보를 찾아 인터넷을 돌아다닐 수 있다. 비밀 정보를 공유하는 데에는 보안 프로토콜이 매우 빠르게 시행되었고, 그렇게

함으로써 웹상에서 온라인 쇼핑이나 뱅킹과 같은 상업적 거래도 허용되었다. 온라인의 연결성은 디지털 기술의 침투력을 더욱 증가시켰다. 사람들이 서비스 제공자의 'www' 포털을 이용하여 온라인 서비스에 들어가면 컴퓨터는 상점, 은행, 도서관, 혹은 대학교 등을 디지털 버전으로 변환시킨다. 이는 결과적으로 더 많은 데이터를 만들어낸다.

모바일 컴퓨팅

Mobile Computing

컴퓨터는 10년마다 더 작아지고, 이와 함께 배터리 기술 역시 향상되어가고 있음을 알 수 있다. 1990년대 중반에는 가지고 다닐 수 있으며 배터리를 보다 길게 지속시킬 수 있는 휴대용 컴퓨터(혹은 노트북)가 확산되기 시작했다. 이것은 모바일 컴퓨팅의 새로운 세기를 열었다. 비슷한 시기에 핸드폰 역시 인기를 끌었으며, 대략 2005년도 즈음에는 스마트폰이 그 두 기술을 통합하였다.

스마트폰은 전화기이면서 동시에 컴퓨터다. 스마트폰은 점점 더 스마트해지면서 컴퓨터의 특성은 더 늘어나고, 전화기의 기능은 점점 줄었다. 스마트폰에서 컴퓨터 기능이 점점 더 발달함에 따라 요즘에는 전화의 기능이 스마트폰에 깔려 있는 많은 앱 중 하나에 불과해졌으며, 그나마 자주 사용하지도 않게 되었다. 전통적인 전화기는 그저 음향 기기였다. 전화기에 대고 말을 했고 그것을 통해 다른 사람이 하는 말을 들을 수 있었다. 하지만 오늘날의 스마트폰은 오히려 시각적 기기라고 할 수 있다. 스마트폰에는 큰 화면이 있고 우리는 스마트폰에 대고 말하는 것보다 스마트폰을 쳐다보거나 그 민감한 스크린을 두드리는 데 더 많은 시간을 보낸다.

스마트폰은 언제나 온라인 상태인 컴퓨터라고 할 수 있으며, 사용자들이 모바일 상태로 인터넷에서 온갖 종류의 정보에 접근할 수 있게 해준다. 그래서 스마트폰은 사용자가 다른 컴퓨터의 데이터에 더 쉽게 접근하도록(예컨대, 여행을 하는 동안에도) 해주며, 사용자와 그 사용자의 데이터 역시 다른 사람들에게 더 접근하기 쉽게 만들어준다는 점에서 연결성을 확장시킨다.

스마트폰을 특별하게 만들어주는 것은 스마트폰이 모바일 감지 기기이기도 하지만, 우리의 개인적인 물건으로써 그 사용자에 대한 정보(주로 위치정보)를 지속적으로 기록하고 그 데이터를 이용할 수 있도록 제공한다는 점 때문이다. 특히 사용자의 위치에 대한 정보는 계속 기록된다. 스마트폰은 우리가 탐지하고, 추적하고, 기록할 수 있게 해주는 모바일 센서mobile sensor다.

컴퓨터의 증가된 이동성은 새로운 현상이다. 한때 컴퓨터는 몸집이 크고 '컴퓨터 센터'에나 있을 법한 물건이었다. 컴퓨터는 고정된 위치에 가만히 있었으며 사람이 컴퓨터가 있는 쪽으로 걸어가야 했다. 컴퓨터를 사용하기 위해서는 터미널 앞에 앉아야 했다. 컴퓨터의 끝부분이 거기였기 때문에 이 부분을 '터미널'이라고 불렀다. 하지만 시간이 지남에 따라 더 작은 컴퓨터가 회사에 도입되었고, 그보다 더 작은 컴퓨터가 사무실이나 집의 책상 위에 놓이기 시작했으며, 심지어 더 작은 컴퓨터가 생겨 무릎 위에도 둘 수 있게 되었다. 그리고 이제는 컴퓨터를 언제나 주머니에 넣어 가지고 다닐 수 있다.

예전에는 컴퓨터의 수가 적었고, 수천 명당 한 대의 컴퓨터가 있었다. 예를 들면, 회사나 대학 캠퍼스에나 컴퓨터가 한 대씩 있었다. 그 1인당 컴퓨터 비율은 매우 빠르게 증가하였으며, 개인용 컴퓨터는 사람들이 컴퓨터를 한 대씩 사용하는 것을 목표로 확장하였다. 우리는 1인당 많은 컴퓨터를 가진다. 이제 우리의 모든 기기는 사실상 그 자체가 컴퓨터이거나 내부에 컴퓨터가 내장된 기기다. 여러분의 전화기도 컴퓨터이고, 여러분의 TV도 컴퓨터이며, 여러분의 차량에도 다른 기능을 위한 컴퓨터가 내장되어 있다. 또 여러분의 음악 플레이어는 카메라나 시계로써 특수한 컴퓨터다. 스마트 기기는 기계가 이전에 하던 일들을 디지털 방식으로 묶은 것이다.

유비쿼터스 컴퓨팅Ubiquitous computing은 인기를 더 끌고 있는 용어다. 이 단어는 컴퓨터를 사용하고 있는지 모르는 상태에서도 컴퓨터를 사실상 사용하고 있는 것을 뜻한다. 이는 컴퓨터를 온갖 종류의 목적으로 늘 사용하면서도 그것들이 모두 컴퓨터라고 불리지는 않는 것을 뜻한다. 디지털 버전 역시 속도, 정확도, 그리고 쉬운 적응성과 같은 장점을 가진다. 그러나 또 다른 장점은 기기의 디지털 버전이 그 모든 데이터를 디지털하게 갖고 있다는 점이다. 그리고 더욱이, 만약 온라인 상태라면 다른 온라인 컴퓨터와 대화함으로써 그 데이터를 거의 즉각적으로 제공할 수 있다. 업계에서는 이를 '스마트 오브젝트smart object' 혹은 그냥 '사물things'이라고 부르면서 사물인터넷Internet of Things(IoT)에 대해 논하고 있다.

사회적 데이터

Social Data

수천 년 전에는 여러분의 이야기가 사람들의 입에서 회자되거나 기억되려면 신이나 여신 정도는 되어서 그림으로 그려지거나 조각상으로 만들어졌어야 했다. 약 천 년 전에는 왕이나 여왕은 되어야 이런 호사를 누렸으며, 몇 세기 전에는 부유한 상인이거나 그러한 가문의 일원이어야 했다. 이제는 그 누구든, 심지어 수프 깡통(미국의 대표적 팝 아티스트 앤디 워홀이 묘사한 캠벨 수프 미술작품을 일컫는 것-옮긴이)조차도 그림으로 묘사될 수 있다. 이와 유사한 일이 컴퓨팅과 데이터의 세계에서도 일어났다. 이전에는 거대한 조직과 비즈니스에서만 컴퓨터의 가치를 누릴 수 있었고, 그래서 그들만이 데이터를 가질 수 있었다. 하지만 개인용 컴퓨터의 등장과 함께 사람들은 물론 사물들까지도 데이터를 생성하기 시작했다.

최근 데이터의 근원은 사회적 상호작용을 디지털 정보로 변화시킨 소셜 미디어다. 소셜 미디어는 수집되고, 저장되며, 분석될 수 있는 데이터의 유형을 구성한다. 소셜 미디어는 아고라, 피아자(이탈리아 소도시에 있는 광장-옮긴이), 시장, 카페, 그리고 술집, 아니면 개울, 우물, 그리고 정수기 옆에서 일어나곤 하던 토의를 대신하게 되었다.

소셜 미디어를 통해 이제 우리 개개인은 팔로우할 가치가 있는 삶을 사는 유명인이 될 수 있으며 스스로의 파파라치가 되어 본인의 사진을 찍어 올리고 있다. 개인의 명성은 더 이상 바람처럼 스쳐 지나가는 짧은 순간이 아니다. 사람들은 언제나 온라인상에 있으며 유명해질 수 있다. 소셜 미디어는 우리가 그 안에서 살아가면서 디지털 자서전을 저술할 수 있도록 해주고 있다.

예전에는 책과 신문은 희소하고 값이 비싼 물건이었다. 그래서 오직 중요한 사람들에 대한 이야기만 기록하거나 글로 쓸 수 있었다. 그러나 시간이 흘러 이제 데이터는 저렴해졌고 모든 사람들이 온라인 영지에서 왕과 왕비가 될 수 있다. 전자 기기를 좋아하는 부모를 둔 아기는 태어난 지 첫 달 만에 호머의 오디세이에서 다루는 모험 이야기보다 더 많은 데이터를 한 달 동안 만들어낼 수 있다.

방대한 데이터: 데이터퀘이크

The Dataquake

전산화되어 있는 모든 기기와 서비스에서 생성된 데이터는 한때 디지털 기술의 부산물이었다. 컴퓨터 과학자들은 이 방대한 양의 데이터를 효율적으로 저장하고 조작하기 위해 데이터베이스에 대해 많은 연구를 하였고, 사람들은 필요에 따라 데이터를 저장하였다. 지난 20년 사이 어느 시점에 와서 이 모든 데이터가 자원이 되었고, 이제 더 많은 데이터는 곧 축복처럼 받아들여질 것이다.

예를 들어, 매일 수백만 명의 고객들에게 수천 가지의 재화를 판매하는 슈퍼마켓 체인을 생각해보자. 이 슈퍼마켓 체인은 전국에 수없이 많이 분포되어 있는 실제 가게이거나 인터넷상의 가상 가게일 수 있다. 포스POS, point-of-sales 단말기는 디지털적이며 데이터, 고객 ID(마일리지 프로그램을 통해 확보된), 어떤 제품을 어떤 가격에 구매했는지, 지출 총액 등 모든 거래의 세부사항을 기록한다. 점포들은 온라인을 통해 연결되며 중앙 데이터베이스에서 모든 가게의 단말기 데이터를 즉각적으로 수집할 수 있다. 이는 매일 방대한 (그리고 아주 최신) 데이터로 이어진다.

특히 지난 20여 년 동안, 사람들은 이 모든 데이터로 무엇을 할 수 있는지에 대하여 스스로에게 점점 더 많은 질문을 던지기 시작했고, 이 질문을 통해 컴퓨팅의 전체적인 방향이 아예 바뀌었다. 이전에는 프로그램이 처리하여 뱉어낸 것이 데이터였으며 그 데이터는 수동적이었다. 하지만 이 질문을 통해 데이터는 더 이상 프로그래머에 의해 어떻게 사용될지 결정되지 않고, 대신 자체적으로 다음에 무엇을 할지를 정의하는 작업을 시작한다.

슈퍼마켓 체인이 늘 알고 싶어 하는 것은 어떤 고객이 어떤 제품을 구매할 것인지에 대한 답이다. 이에 관한 지식을 가지고 슈퍼마켓은 판매와 수익을 높여줄 제품을 효율적으로 구비해둘 수 있다. 또한 고객들에게는 본인들의 요구를 더 빠르고 저렴하게 충족시키는 제품을 찾을 수 있게 해주므로 고객 만족도 역시 증가할 것이다.

다만 이런 작업은 명확하지 않다. 우리는 어떤 사람들이 어떤 아이스크림 맛을 구매할지, 혹은 이 작가의 다음 책이 무엇일지, 사람들이 새로 나온 영화를 볼 것인지, 아니면 어떤 도시에 방문할 것인지 등을 정확히 알지 못한다. 고객의 행동은 시간에 따라 변하며 지리적인 위치에 따라 달라진다.

하지만 우리는 고객의 행동이 완전히 무작위적이지는 않다는 사실을 알고 있기 때문에 이 일을 완전히 불가능하다고 생각하지 않는다. 사람들은 분명한 목적이나 계획이 없이 슈퍼에 가서 아무거나 구입하지 않는다. 사람들은 대부분 맥주를 살 때 감자칩(안주)도 함께 구매한다. 여름에는 아이스크림을 사고 겨울에는 글루바인Gluhwein에 넣을 향신료를 산다. 고객의 행동에는 특정 패턴이 있으며 바로 여기서 데이터가 제 기능을 하게 된다.

고객 행동 패턴 그 자체는 잘 알지 못할지라도 우리는 수집된 데이터에서 그 행동이 일어나기를 기대한다. 만약 과거의 데이터에서 그러한 패턴을 발견할 수 있다면, 그 패턴은 미래에 혹은 적어도 가까운 미래에는 과거에 수집했던 데이터와 그리 많이 다르지 않을 것이라는 전제하에 이러한 경향이 지속되기를 기대할 수 있다. 또한 이러한 데이터를 기반으로 예측할 수 있을 것이다.

완전히 그 과정을 파악할 수는 없겠지만 양질의 유용한 근사치는 구축할 수 있으리라 믿는다. 이러한 근사치가 모든 것을 설명하지는 못하겠지만, 적어도 데이터의 일부는 설명할 수 있을 것이다.

완전한 과정을 확인하는 것은 불가능할 수도 있겠지만, 그래도 일부 패턴들은 탐지할 수 있다고 믿는다. 우리는 예측을 위해 그러한 패턴을 사용할 수 있을 것이고, 또 그것들은 그 과정을 이해하는 데에도 도움을 줄 수 있다.

이러한 것을 데이터 마이닝data mining이라고 한다. 이 비유는 광산mine으로부터 큰 부피의 흙과 원재료를 추출하여 대단히 가치 있는 소량의 물질을 만들어내는 것을 의미한다. 데이터 마이닝에서도 유사하게, 엄청난 양의 데이터를 처리하여 고도의 예측 정확성과 같은 유용한 가치를 가진 단순한 모델을 만들어낸다.

데이터 마이닝은 머신러닝의 한 유형이다. 우리는 고객 행동의 규칙을 알지 못하기 때문에 프로그램을 쓸 수 없지만 머신인 컴퓨터는 (고객 거래) 데이터로부터 규칙을 추출해 '학습을 한다.'

규칙은 알 수 없지만 많은 데이터를 보유하고 있는 곳에 많은 응용이 존재한다. 우리가 하는 일들에 컴퓨터와 디지털 기술이 사용된다는 사실은 온갖 종류의 도메인에 엄청난 양의 데이터가 있음을 뜻한다. 우리는 일상 및 사회생활에서도 컴퓨터나 스마트 기기를 사용하고 있으며 이를 위한 데이터도 가지고 있다.

학습 모델은 패턴 인식에 사용된다. 예를 들어, 카메라가 포착한 이미지를 인지하거나 마이크가 포착한 연설을 인지하는 것이 이에 해당된다. 오늘날에는 다양한 응용에 대해 각각 다른 유형의 센서를 사용하며, 이러한 센서의 종류는 스마트폰을 사용하는 인간의 활동을 인지하는 것에서부터 자동차의 운전자 지원 시스템에 사용되는 것까지 실로 방대하다.

또 다른 데이터의 근원은 과학이다. 우리가 더 나은 센서들을 만들어낼수록, 우리는 더 많은 것들을 탐지할 수 있다. 천체학, 생물학, 물리학 등에서 더 많은 것을 탐지하고, 더 큰 데이터를 이해하기 위해 학습 알고리즘을 사용한다. 인터넷 그 자체가 거대한 데이터 저장고이며 스마트 알고리즘을 사용해 우리가 찾고자 하는 것을 찾아야 한다. 오늘날 우리가 가지고 있는 데이터의 한 가지 중요한 특성은 이것이 다른 양식들에서 만들어져 나온다는 것인데, 그것이 바로 멀티미디어다.

우리는 텍스트와 이미지, 비디오 및 사운드 클립 등을 가지고 있는데, 이 모든 것은 우리가 관심을 가지고 있는 동일한 대상이나 사건과 관련되어 있다. 오늘날 머신러닝 분야에 있어 주된 관건은 이처럼 다른 자원들로부터 나온 정보를 결합시키는 것이다. 예를 들어, 소비자 데이터 분석에서는 과거의 거래 기록뿐만 아니라 웹 로그까지도 사용할 수 있다. 즉, 사용자가 최근에 방문한 웹페이지들을 알 수 있다는 것이며, 이러한 로그들은 상당히 유용한 정보를 줄 수 있다.

다수의 스마트 기기가 계속해서 우리의 일상생활에 도움을 주면서 우리는 모두 데이터 생산자가 되었다. 물건을 살 때마다, 영화를 보러 갈 때마다, 웹페이지를 방문할 때마다, 블로그나 소셜 미디어에 포스팅을 할 때마다, 심지어 그저 걷거나 운전하는 도중에도 우리는 데이터를 생성하고 있다. 그리고 이러한 데이터는 그것을 수집하고 분석하는 데 관심이 있는 누군가에게는 유용하고 가치 있게 사용된다. 고객은 항상 옳을 뿐만 아니라 흥미롭고 따를 만한 가치 있는 존재다.

우리 모두는 각각 데이터 생산자이면서 동시에 소비자다. 소비자는 제품과 서비스를 자신에게 맞춘 특별한 것으로 만들고 싶어 한다. 그들은 누군가 자신들이 필요한 것을 이해해주기를 원하며 자신의 관심사가 예측되었으면 하고 바란다.

학습과 프로그래밍

Learning versus Programming

컴퓨터에서 문제를 해결하기 위해서는 알고리즘이 필요하다. 알고리즘algorithm은 인풋input을 아웃풋output으로 변환시키기 위해 수행되는 명령들의 순서다. 예컨대, 분류를 위한 알고리즘을 계획할 수도 있겠다. 인풋은 숫자들의 집합이며 아웃풋은 그것들이 순서대로 정리된 목록이다. 같은 작업에 대하여 다양한 알고리즘이 있을 수 있으며, 많은 사람들이 그중 가장 효율적인 것과 최소한의 명령 혹은 메모리, 아니면 그 두 가지를 모두 필요로 하는 것을 발견하는 데 관심을 두고 있을 것이다.

그러나 일부 문제에서는 알고리즘이 없다. 고객 행동을 예측하는 것이 그러한 예다. 한 가지 작업을 예로 들자면, 스팸 이메일을 필요한 이메일에서 분류하는 것이다. 우리는 인풋이 뭔지 안다. 아주 단순한 예로는 그저 텍스트로 된 이메일 문서일 것이다. 우리는 아웃풋이 무엇이어야 하는지도 안다. 이는 메시지가 스팸인지 아닌지에 대한 '예/아니오'다. 하지만 우리는 인풋을 아웃풋으로 변환시키는 법을 모른다. 스팸이라고 생각했던 것은 시기와 개인에 따라 다르다.

우리는 부족한 지식을 데이터로 보충할 수 있다. 스팸인 메시지와 스팸이 아닌 수천 개의 메시지를 쉽게 컴파일compile(명령어를 컴퓨터가 이해할 수 있는 기계어로 번역하다-옮긴이)할 수 있으며, 우리가 원하는 것은 이 샘플로부터 스팸을 구성하는 것에 대한 '학습'이다. 달리 말하면 우리는 컴퓨터(기계)가 이 작업에 대한 알고리즘을 자동으로 추출하기를 원한다. 숫자를 분류하는 것(이미 그것을 위한 알고리즘은 존재한다)을 배울 필요는 없다. 그러나 알고리즘은 없지만 수많은 데이터는 가지고 있는 것을 위한 응용들은 많이 있다.

인공지능

Artificial Intelligence

머신러닝은 그저 데이터베이스나 프로그래밍의 문제가 아니다. 머신러닝은 인공지능을 위한 필요조건이기도 하다. 변화하는 환경에 있는 시스템은 학습할 능력을 가져야 한다. 그렇지 않다면 우리가 이를 지능적이라고 불러야 할 이유가 없다. 만약 시스템이 새로운 변화에 적응하는 법을 배울 수 있다면, 시스템 설계자는 모든 상황을 예측하고 그에 대한 솔루션을 제시할 필요가 없다.

인간에게 있어서 시스템 설계(컴퓨터를 도입하여 각종 업무를 컴퓨터 작업으로 이행할 때 시스템 분석에 따라 하드웨어나 소프트웨어의 성능과 경제성 등이 적합하도록 시스템을 구축하는 일-옮긴이)는 곧 진화였으며, 마찬가지로 우리의 체형과 인간에게 내장된 본능과 반사작용도

수백만 년에 걸쳐 진화해왔다. 또한 인간은 평생 동안 행동을 변화시키는 법을 학습한다. 이는 우리가 예측할 수 없는 환경의 변화에 대처할 수 있게끔 진화할 수 있도록 도와준다. 명확한 환경에 있는 짧은 수명의 유기체들은 모든 행동을 내장하고 있는 상태일 수 있다. 하지만 진화는 인간이 삶에서 마주할 수 있는 상황에 대한 모든 종류의 행동을 고정시키는 대신, 우리에게 경험을 통해 스스로를 발전시키고 낯선 환경에 적응할 수 있도록 학습하기 위한 거대한 뇌와 메커니즘을 주었다. 이러한 이유로 인간이 아주 다른 기후와 조건을 가진 지구상의 여러 지역에서도 적응하여 살아남을 수 있게 된 것이다. 인간의 뇌에 지식이 저장되는 특정 상황에서 우리가 최고의 전략에 대해 학습할 때, 그리고 그 상황이 다시 일어날 때 그 상황을 우리가 인지한다면(인지에는 '알고 있다'는 의미가 내포되어 있다) 우리는 적합한 전략을 뇌에서 불러와 그에 따라 행동한다.

인간은 모두, 사실상 모든 동물은 데이터 과학자라고 할 수 있다. 우리는 감각으로부터 데이터를 수집하고, 그 데이터를 처리해 추상적인 규칙을 얻어 환경을 인지한다. 그리고 그 환경에서의 행동을 통제해 고통을 최소화하고 기쁨을 최대화한다. 우리는 이러한 규칙을 기억해 뇌에 저장할 수 있으며, 이것이 필요할 때마다 이를 불러와 사용한다. 학습은 평생 지속되는 것이다. 우리는 규칙이 더 이상 적용되지 않을 때, 규칙을 잊고 환경이 변화할 때 이를 수정할 수 있다.

그러나 학습에는 한계가 있기 마련이다. 세 번째 팔을 자라게 하거나 머리 뒤에 눈이 자라게 하는 법을 '학습'할 수 없는 것처럼, 우리는 유전적인 구성을 바꾸는 법을 학습할 수 없다. 개략적으로 말하자면 유전은 수천 세대 동안 작용하는 하드웨어를 뜻하며, 학습은 개인의 생에 동안 이 하드웨어에서 실행되는 소프트웨어를 뜻한다.

인공지능은 뇌로부터 영감을 얻어 만들어진다. 그래서 인지과학자들과 신경과학자들은 뇌의 기능을 이해하는 것을 목표로 한다. 그리고 이 목표를 향해 그들은 신경망 모델을 구축하고 시뮬레이션 연구를 진행한다. 하지만 인공지능은 컴퓨터 과학의 일부분이며 우리의 목표는 어떤 영역이든 유용한 시스템을 만드는 것이다. 그렇기 때문에 비록 뇌가 우리에게 영감을 준다고 해도, 개발하고 있는 알고리즘에 대한 생물학적 타당성에 대해서는 궁극적으로 그리 많은 신경을 쓰지는 않는다.

우리가 뇌에 관심을 가지고 연구를 하는 이유는 더 나은 컴퓨터 시스템을 구축하는 것에 뇌가 많은 도움을 줄 것이라고 믿기 때문이다. 뇌는 놀라운 능력들을 가지고 있으며 많은 영역에서 현재의 공학적 산물을 능가하는 정보처리 기기라고 할 수 있다. 예를 들어 시각, 언어 인지, 그리고 학습 등이 뇌의 대표적 기능이다. 이러한 뇌의 응용이 기계에서도 구현된다면 분명한 경제적 유용성을 가지게 된다. 만약 우리가 뇌가 이러한 기능들을 어떻게 수행하는지 이해할 수 있다면, 이러한 작업에 대한 해결책을 알고리즘 공식으로 정의하고 컴퓨터에서 구현할 수 있을 것이다.

과거에 컴퓨터는 '전자두뇌electronic brain'라고 불리었다. 하지만 컴퓨터와 뇌는 다르다. 일반적으로 컴퓨터는 하나 혹은 몇 개의 프로세서를 가지고 있는 반면, 뇌는 아주 많은 수의 처리 개체인 뉴런으로 이루어져 있다. 아직 세부적인 사항들은 완전히 알려지지 않았지만 뇌의 처리 장치는 컴퓨터에 있는 전형적인 프로세서보다 훨씬 더 단순하고 느린 것으로 알려져 있다. 또한 뇌를 특별하게 만드는 것과 뇌의 계산 능력을 제공한다고 여겨지는 것에는 거대한 연결성이 있다.

뇌 안에 있는 뉴런은 수천수만 개의 다른 뉴런에 대해 시냅스synapses라고 불리는 연결고리들을 가지고 있으며, 이 시냅스들은 모두 동시에 작동한다. 컴퓨터에서 프로세서는 능동적이고 메모리는 별도로 분리되어 있으며 수동적이다. 하지만 뇌 안에서 일어나는 처리(프로세싱)와 기억(메모리)은 신경망에 함께 분포되어 있는 것으로 알려져 있다. 뉴런에 의해 처리가 완료되며 기억은 뉴런들 사이에 있는 시냅스에서 발생한다.

뇌를 이해하기

Understanding the Brain

데이비드 마David Marr, 1982(영국의 심리학자로 인공지능과 신경생리학 분야에서 시각처리의 새로운 모델을 제시했다. 뇌를 이해하기 위해서는 먼저 해결할 특정 문제를 이해한 다음에 해법의 탐색을 이해해야 한다고 주장했음-옮긴이)에 따르면 정보 처리 시스템은 다음과 같은 세 가지 단계의 분석을 통해 이해할 수 있다:

1. 계산 이론Computational theory은 계산의 목표와 작업의 추상적 정의와 일치한다.
2. 표현representation과 알고리즘은 인풋과 아웃풋이 제시되는 방식이며, 인풋에서 아웃풋까지의 변환에 대한 알고리즘의 구체적인 사항이다.

3. 하드웨어 적용Hardware implementation은 시스템의 실제 물리적인 현실화다.

이러한 분석 층위의 기본적인 개념은 같은 컴퓨팅 이론에 대해 이 표현에서 기호를 조정하는 다수의 표현과 알고리즘이 있을 수 있다는 것이다. 이와 유사하게, 특정 표현이나 알고리즘에 대해서 적용할 수 있는 다수의 하드웨어가 있을 수 있다. 어떤 이론에든 다양한 알고리즘을 사용할 수 있으며 같은 알고리즘은 다른 하드웨어 시사점을 가질 수 있다.

예를 들어보자. '6', 'VI', 그리고 '110'은 숫자 6에 대한 세 가지의 다른 표현방식이다. 이것들은 각각 아랍어, 로마자, 그리고 이진법의 표현으로, 사용된 표현에 따라 덧셈을 위한 다른 알고리즘이 존재한다. 디지털 컴퓨터는 이진법 표현을 쓰며, 특정한 하드웨어 구현implementation(기계가 프로그램을 수행하도록 시스템을 구축하는 것-옮긴이)의 일종인 이 표현법에 포함시키기 위한 회로도 가지고 있다.

숫자는 다르게 표현되며, 가산은 또 다른 하드웨어의 구현인 계산기에 대한 다른 명령의 집합과 딱 들어맞는다. 우리가 두 개의 숫자를 '머릿속에서' 더할 때, 또 다른 표현과 그 표현에 적합한 알고리즘을 사용할 수 있다. 이는 뉴런에 의해서 구현된다. 하지만 이처럼 다른 하드웨어 구현-다시 말해, 인간, 계산기, 디지털 컴퓨터-은 모두 동일한 계산 이론인 가산addition을 수행한다.

이 고전적인 예시는 자연과 인공 비행기 사이의 차이를 나타낸다. 제비는 날개를 갖고 있으며, 비행기는 날개를 퍼덕이지 않지만 제트 엔진을 사용한다. 제비와 비행기는 다른 목적을 위해 지어진 두 가지의 하드웨어 구현이며, 각각 다른 제한을 넘어서려 한다. 하지만 이들은 둘 다 공기역학이라는 같은 이론을 적용한다.

이러한 관점에서 보면, 뇌는 학습을 위한 일종의 하드웨어 구현이라고 할 수 있다. 이 특별한 구현에서는 리버스 엔지니어링('역공학'이라고도 하며, 기계 또는 시스템의 기술적 원리를 역으로 추적하여 기본적인 설계 기법과 적용 기술을 파악하는 과정-옮긴이)을 사용할 수 있으며, 사용된 표현과 알고리즘을 추출하고, 최종적으로는 이로부터 계산 이론을 도출할 수 있다. 또한 다른 표현 및 알고리즘도 얻을 수 있고, 결국 우리가 가진 수단과 제약에 더 적합한 하드웨어 구현 단계에까지 이를 수 있다. 이 과정에서 우리가 선택한 구현이 더 저렴하고, 빠르고, 정확하기를 바란다.

공기역학 이론을 발견하기까지 비행 기계를 구축하고자 하는 초기의 시도들이 새의 모양을 차용했던 것처럼, 뇌의 이론을 갖고 있는 구조를 구축하고자 하는 첫 시도는 다수의 처리 단위를 가진 두뇌와 유사할 것으로 보인다. 4장에서는 내부적으로 연결된 처리 단위로 구성된 인공 신경망에 대해 논하고 그러한 네트워크가 어떻게 학습할 수 있는지를 논할 것이다-이것이 표현 및 알고리즘 층위다. 우리가 지능의 계산 이론을 발견할 때 뉴런과 시냅스가 적용 세부사항임을 발견할 수 있을 것이다.

패턴 인식

Pattern Recognition

컴퓨터 과학 분야에서는 수동으로 명시된 규칙들과 알고리즘들로 프로그래밍이 된 '전문가 시스템'을 고안하기 위해 수많은 작업들을 시도해왔다. 수십 년 동안의 작업은 매우 제한된 성공만을 이루어냈다. 이러한 작업들 중 일부는 지능이 요구된다고 여겨져 인공지능과 관련된 것들이었다. 최근에 엄청난 진보를 이룬 현재의 접근법은 데이터로부터 머신러닝을 사용하는 방식이다.

얼굴 인식을 예로 들어보자. 이것은 우리가 어렵지 않게 할 수 있는 일이다. 가족과 친구들은 포즈, 조명, 헤어스타일, 사진, 실물 등의 차이에도 언제든지 얼굴을 알아볼 수 있다. 얼굴을 인지하는 것은 식별

뿐만 아니라 얼굴이 인간의 내면을 나타내기 때문에 우리의 생존에 있어서 중요하였다. 행복, 분노, 놀라움, 그리고 부끄러움과 같은 감정을 얼굴에서 읽어낼 수 있으며 우리는 그러한 상태를 얼굴로 표시하고 인지하도록 진화하였다.

우리는 얼굴 인식을 쉽게 할 수 있지만, 이는 무의식적인 과정이며 어떻게 하는지 설명할 수 없는 과정이다. 우리가 하는 일을 설명할 수 없기에 그와 관련된 컴퓨터 프로그램을 작성할 수도 없다.

개인의 다른 얼굴 이미지를 분석함으로써 학습 프로그램은 개인과 관련된 패턴을 포착해 주어진 이미지에서 그 패턴을 확인할 수 있다. 이는 패턴 인식Pattern Recognition의 한 예시다.

우리가 얼굴을 인식할 수 있는 이유는 얼굴 이미지가 다른 자연스러운 이미지와 같이 그저 픽셀 조합이 아님을 알기 때문이다(임의적인 이미지는 눈이 내리는 풍경을 나타내는 TV와 같을 것이다). 얼굴은 대칭적인 구조를 가지고 있다. 눈, 코, 입은 얼굴의 특정 위치에 존재한다. 각 개인의 얼굴은 이들의 조합을 나타내는 패턴이다. 조명이나 포즈가 바뀔 때, 머리를 기르거나 안경을 쓸 때, 혹은 나이가 들 때, 얼굴의 특정 부분은 바뀌지만 나머지 부분은 바뀌지 않는다. 이것은 정기적으로 사는 물건과 충동구매로 구성된 고객 행동과 유사하다. 학습 알고리즘은 변하지 않는 특성과 이들이 구성된 방식을 찾아내 그 개인의 다수의 이미지를 통해 특정 얼굴을 정의한다.

우리가 학습에 대해 논할 때 말하는 것

What We Talk about When We Talk about Learning

머신러닝에서 우리의 목표는 주어진 데이터에 맞는 프로그램을 구성하는 것이다. 학습 프로그램은 이것이 일반적인 템플릿과 조정할 수 있는 매개변수로 구성되어있다는 점에서 일반 프로그램과 다르며, 이러한 매개변수에 다른 값을 부여해 프로그램은 다른 일을 할 수 있다. 학습 알고리즘은 데이터에 따라 정의된 성능 기준을 최적화하여 템플릿의 매개변수를 조정한다.

예를 들어, 얼굴 인식을 위해서는 매개변수를 조정함으로써 사람에 대한 훈련 이미지들의 집합에 대하여 가장 높은 예측 정확도를 얻을 수 있다. 일반적으로, 이러한 학습은 반복적이고 점진적으로 누적된다는 특성을 가진다. 학습 프로그램은 많은 예시 이미지들을 순차적으로 보고, 매개변수는 각 예시마다 조금씩 업데이트됨으로써 곧 성능을 점차적으로 개선시킨다. 결국 이것이 학습learning의 속성이다. 인간이 특정 작업을 학습함에 따라 조금씩 더 나아지는 것과 마찬가지다. 그것이 테니스든, 기하학이든, 또는 외국어든지 간에 어떤 것이든 말이다.

2장에서는 템플릿이 무엇인지(사실 우리는 작업의 유형에 따라 다른 템플릿을 가지게 된다), 그리고 최고의 성능을 얻기 위하여 매개변수를 조정하는 다른 여러 가지 학습 알고리즘들에 대해 더 세부적으로 논할 것이다.

학습자learner를 구축함에 있어 다음의 몇 가지 중요한 사항들을 고려해야 한다:

첫째, 많은 데이터가 학습을 할 수 있다는 규칙이 있다는 것으로 이어지지 않는다는 것을 기억해야 한다. 우리는 프로세스에 의존성이 있는지, 수집한 데이터가 학습할 정보를 용납할 수 있을 정도의 정확도로 충분히 제공하는지 확인해야 한다. 사람들의 이름과 전화번호가 있는 전화번호부가 있다고 치자. 이름과 전화번호 사이의 전체적인 관계가 있다고 믿는 것은 말이 되지 않으므로 주어진 전화번호부를 본 뒤 (그 책이 얼마나 크든) 새로운 이름이 생기면 새로운 번호가 있다고 가정할 수 있을 것이다.

둘째, 학습 알고리즘 그 자체가 효율적이어야 한다. 이는 일반적으로 우리가 많은 데이터를 가지고 있고, 계산과 메모리를 효율적으로 사용하여 최대한 빠르게 학습이 이루어지기를 원하기 때문이다. 여러 가지 응용 프로그램에서 그 문제의 근본적 특징은 시간에 따라 변화할 수 있다. 이런 경우 이전에 수집된 데이터는 진부해지기 마련이며 새로운 데이터로 훈련된 모델을 지속적이고 효율적으로 업데이트할 필요성이 발생한다.

셋째, 학습자가 구축되고 예측을 위해 그것을 사용하기 시작한다면, 이는 메모리와 계산에 관해서도 마찬가지로 효율적이어야 한다. 특정 응용 프로그램에서 최종적인 모델의 효율성은 예측 정확도만큼이나 중요할 수 있다.

머신러닝의 간략한 역사

A Brief History of Machine Learning

거의 모든 과학은 데이터에 맞는 모델을 만들고자 한다. 갈릴레오, 뉴턴, 그리고 멘델과 같은 과학자들은 실험을 설계하고, 관찰하고, 데이터를 수집하였다. 그리고 이론을 구축해 지식을 추출하고자 하였다. 이는 모델을 구축해 관찰한 데이터를 설명하는 것이다. 사람들은 이 이론을 사용해 예측하고, 예측이 제대로 이루어지지 않았다면 더 많은 데이터를 수집해 이론을 수정한다. 이 데이터 수집 및 이론/모델 구축 과정은 충분한 설명 능력을 가진 모델을 얻을 때까지 계속된다.

이제 이러한 데이터 분석을 수동적으로 할 수 없는 단계에 도달했다. 이러한 분석을 할 수 있는 사람들은 드물기 때문이다. 더욱이 데이터의 양은 방대하고 수동적인 분석은 가능하지 않다. 그러므로 데이터를 분석하고 이로부터 자동적으로 데이터를 추출하는 컴퓨터 프로그램-달리 말하면, 학습하는 프로그램-에 대한 관심이 증가하고 있다.

우리가 여기서 논하는 기법은 다른 과학적 영역에 그 근원을 두고 있다. 종종 같거나 매우 유사한 알고리즘을 여러 가지 역사적 경로에 따라 다른 분야에서 독립적으로 발명하는 것은 그렇게 드문 일이 아니었다.

머신러닝에서 다루는 주요 이론은 통계학에 그 근원을 두고 있다. 특정 관찰을 일반적인 서술로 변화시키는 것은 추론inference이라고 하며 학습은 평가estimation라고 한다. 통계학에서는 분류classification를 판별분석discriminant analysis이라고 한다. 통계학자들은 작은 표본에 대한 작업을 했으며 수학자들은 과학적으로 분석할 수 있는 단순한 모델과 관련된 작업을 하였다. 공학에서 분류는 패턴 인식이라고 불리며 그 접근법은 더 경험론적인 경향을 가진다.

컴퓨터 과학 분야에서는 인공지능에 대한 연구로서 학습 알고리즘에 대한 연구가 수행되었다. 이 평행하지만 거의 독립적인 연구는 데이터베이스에서의 지식 발견knowledge discovery in database이라고 불렸다. 전기공학에서 신호 처리 연구는 이미지 처리 및 음성 인식 프로그램으로 이어졌다.

1980년대 중반에 이르러 다양한 분야로부터의 인공 신경망 모델과 관련된 관심사가 폭발적으로 증가하였다. 이러한 다양한 분야는 물리학, 통계학, 심리학, 인지과학, 신경과학, 언어학 등을 포함하였으며, 당연히 컴퓨터 과학, 전기공학, 그리고 적응제어adaptive control를 포함하였다. 어쩌면 인공 신경망의 연구에 가장 중요한 기여를 한 것은 특히나 통계학과 컴퓨터 과학을 포함해 다양한 분야를 이어준 시너지다.

나중에 머신러닝의 분야로 이어진 신경망 연구가 1980년대에 시작되었다는 것은 우연이 아니다. 그 당시에 VLSI(대규모 통합) 기술의 발달로 수천 개의 프로세서를 포함한 병렬 하드웨어를 구축하는 것에 성공하였으며, 인공 신경망은 아주 많은 수의 처리 장치를 다루는 분산 계산에 관한 이론으로 관심을 받았다. 더욱이, 이러한 것들은 자체적으로 학습할 수 있기 때문에 프로그래밍을 할 필요가 없었다.

다양한 학계에서 행해지던 연구는 과거의 여러 경로들에 따르되 과거와는 다른 부분을 강조하며 발달하였다. 이 책의 목표는 그것들을 모아 이 분야에 관한 통합적이고 개론적인 설명을 제공하고 흥미로운 응용 프로그램을 제시하는 것이다.

머신러닝과 통계, 그리고 데이터 분석

중고차 가격 예측 방법 학습

Learning to Estimate the Price of a Used Car

이전 장에서 우리가 관심을 가지고 있는 관찰대상 사이에 어떤 관계가 있는 것 같지만 그 관계가 정확히 어떤 관계인지 모를 때 머신러닝을 사용한다는 것을 살펴보았다. 그 정확한 형태를 알지 못하기 때문에 바로 그와 관련된 컴퓨터 프로그램을 작성할 수 없다. 그러므로 여기에서의 접근법은 예시 관측과 관련된 데이터를 수집하고 이를 분석하여 관계를 분석하는 것이다. 이제 관계가 무슨 뜻인지를 논하고 이를 데이터로부터 어떻게 추출하는지를 논하도록 하겠다. 구체적인 논의를 위해 예시와 함께 살펴보도록 하자.

중고차의 가격을 예측하는 문제를 고려해보자. 중고차의 가격을 예측하는 정확한 공식을 알지 못하기 때문에 이것은 머신러닝 응용의 우수한 예시일 것이다. 동시에 중고차의 가격을 결정하는 규칙이 있을 것이라고 추측할 수 있다. 중고차의 가격은 차량의 브랜드와 같은 차량의 속성에 따르며, 주행거리나 심지어는 차량과 직접적인 관련이 없는 현 경제 상태와 관련이 있을 수도 있다.

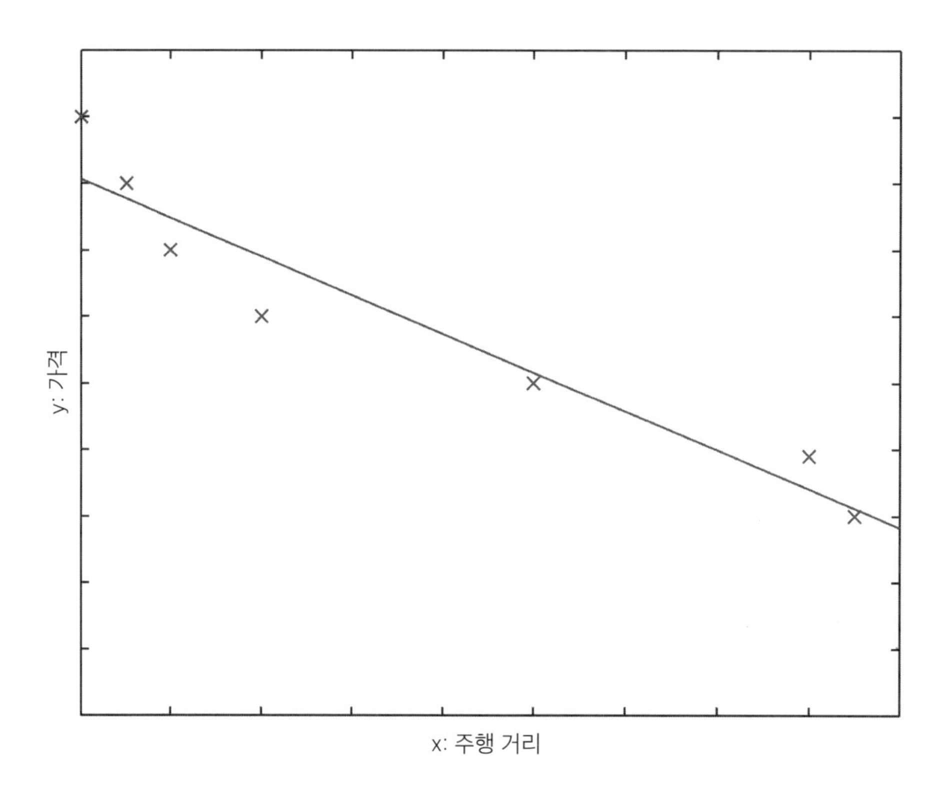

[그림 2.1] 회귀 작업으로써 중고차의 가격 예측하기. 위에 표시된 각각의 X표시는 한 자동차를 나타내는데, 그 수평의 x축은 주행거리를, 수직의 y축은 일부 차량의 가격을 나타낸다. 이것이 학습 집합training set을 구성하는 것이다. 중고차의 가격을 예측하며 이러한 데이터 포인트에 맞는 모델을 학습하고자 한다. 예를 들어, 그러한 모델이 잘 맞는다면 이는 주행거리로 차량의 가격을 예측할 수 있다.

이와 같은 것들을 요인이라고 파악할 수도 있지만, 이들이 가격에 어떤 영향을 미치는지 판단할 수 없다. 이러한 요인들이 혼합되어 가격을 어떻게 결정하는지를 우리는 현재 알지 못하기 때문에 배우고 싶어 하는 것이다. 이 목표를 향해 데이터를 수집해 현재 있는 차량의 수를 살피고 그 속성과 가격을 살펴 차량의 속성과 가격 사이의 관계를 알아내고자 한다(그림 2.1 참조).

이 과정에서 첫 질문은 인풋 표현input representation으로써 무엇을 사용할지다. 달리 말하면 중고차의 가격에 영향을 주는 속성이 무엇인지의 관한 질문이다. 바로 떠오르는 속성은 차량의 브랜드와 모델, 연식, 그리고 주행거리다. 다른 속성들도 떠오르겠지만 앞에서 언급한 속성들이 기록하기 편리할 것이다.

한 가지 중요한 사실은 이러한 속성의 값은 같지만 가격이 다른 차량이 있을 수 있다는 것이다. 이는 종종 액세서리와 같이 다른 효과를 미치는 요인들이 있기 때문이다. 우리가 직접 관찰할 수 없으며 인풋으로 사용할 수 없는 요인들이 있을 수 있다. 예컨대, 과거에 차량이 어떤 상태로 운전되었으며 차량이 얼마나 잘 관리되었는지와 같은 문제가 있을 수도 있겠다.

여기서 중요한 점은 우리가 얼마나 많은 속성을 넣든 아웃풋에 영향을 미치는 다른 요인들이 항상 있다는 점이다. 이들을 모두 기록해 인풋으로 고려할 수 없으며 고려하지 않은 요인들은 불확실성을 낳는다.

이 불확실성의 효과는 더 이상 정확한 가격을 예측할 수 없게 하지만, 우리는 이 알려지지 않은 값이 놓인 구간을 예측할 수 있을 것이며, 이 구간의 길이는 불확실성의 정도에 달려 있다. 이는 인풋으로 취하지 않거나, 혹은 그럴 수 없는 요인들에 따라 변동할 수 있는 가격을 정의한다.

임의성과 확률

Randomness and Probability

수학과 공학에서 우리는 확률 이론probability theory을 이용해 불확실성을 모델링한다. 결정론적 시스템에서 인풋이 주어진다는 전제 하에서는 아웃풋이 항상 같다. 하지만 임의적인 과정에서 아웃풋 역시 임의성을 도입하는 통제할 수 없는 요인들에 따라 달라진다.

동전 던지기를 생각해보자. 만약 동전의 정확한 구성, 그 위치, 그리고 동전을 던질 때 적용되는 힘의 정도, 방향, 동전을 어디서 어떻게 잡을지 등과 같은 정보를 얻을 수 있다면 동전 던지기의 결과는 정확히 예측할 수 있을 것이다. 하지만 이 모든 정보를 얻을 수는 없으므로 동전 던지기의 결과에 대한 확률만을 이야기할 수 있다. 결과가 앞면일지 뒷면일지 알 수 없지만, 각 결과에 대한 가능성을 논할 수 있다. 이는 결과가 어떨지에 대한 믿음이다. 예를 들면 이런 것이다. 만약 동전이 공평하다면, 앞면과 뒷면의 가능성은 동등하다—만약 이것을 여러 번 던진다면 앞면과 뒷면이 유사하게 나올 것이다.

만약 이러한 확률을 모르면서 예측을 하고 싶다면, 이를 다루는 것은 통계학statistics이다. 우리는 일반적인 용어를 따르며 각 데이터 인스턴스를 '예시example'라고 부른다. 그리고 그러한 예시들의 집합은 '표본sample'이라고 부른다. 목표는 모델을 구축한 뒤 표본을 사용해 우리가 측정하고 싶은 가치를 계산하는 것이다. 동전 던지기 게임에서 우리는 동전을 몇 번 던지고 결과를 기록해서 표본을 수집한다. 그리고 앞면이 나올 가능성에 대한 예측은 단순히 표본에서 앞면의 비율이 될 수 있다. 만약 우리가 동전을 여섯 번 던지고 앞면을 네 번, 뒷면이 두 번 나온다면 앞면의 비율이 2/3이라고 할 수 있을 것이다(그러므로 뒷면의 비율은 1/3이다). 그리고 우리가 다음 던진 것의 결과를 예측해야 한다면, 그것이 더 가능성이 높은 결과이기 때문에 예측 결과는 앞면일 것이다.

이러한 불확실성은 확률 때문에 발생하며, 이 때문에 사람들이 도박에 빠지기도 하는 것이다. 하지만 대부분의 사람들은 불확실성을 꺼리며 이것을 회피하려 하고, 필요하다면 이에 대한 비용이라도 지불하고자 한다. 예를 들어, 만약 잃을 것이 크다면 우리는 보험에 가입하게 된다. 큰 액수의 손실을 볼 확률이 그런 일이 일어날 확률보다 적다하더라도 적은 양의 비용을 지불하여 혹시라도 큰 손실을 볼 확률을 낮추는 것을 선호한다.

중고차의 가격은 차량의 감가상각의 확률을 구성하는 통제할 수 없는 요인들이 있다는 점에서 유사하다. 생산라인에서 동시에 생산되는 두 차량은 생산시점에는 동등한 차량이고 같은 가치를 가진다. 이 차량들이 판매되어 사용되면 온갖 종류의 요인에 영향을 받을 것이다. 어느 운전자가 더 세심하게 운전했는지, 누가 더 나은 날씨에 차량을 운전했는지, 또 어느 차량은 사고 이력이 있을 수도 있는데, 이러한 요인들 각각은 가격을 변동시키는 임의의 동전 던지기다.

고객 행동에 대해 이와 유사한 주장을 할 수 있다. 우리는 가족 구성, 취향, 소득과 같은 요인에 따라 일반적인 고객들이 특정 패턴을 따를 것을 기대한다. 그럼에도 불구하고 휴가, 날씨 변동, 효과적인 광고와 같이 변동을 일으키는 또 다른 임의적인 요인들이 있을 수 있다. 이러한 임의성의 결과로써, 어떤 항목을 다음에 구매할지 예측할 수 없지만 특정 제품을 구매할 확률을 계산할 수 있다. 그리고 예측을 하려한다면 그 확률이 가장 높은 제품을 선택할 수 있다.

일반 모델 학습하기

Learning a General Model

데이터를 수집할 때는 언제든지 일반적인 경향을 학습할 수 있는 방식으로 진행해야 한다. 예컨대, 차량의 경우 브랜드를 인풋 속성으로 사용한다면 아주 구체적인 차량을 정의할 수 있을 것이다. 하지만 좌석 수, 엔진 파워, 트렁크 부피 등과 같은 일반적 속성을 사용한다면 더 일반적인 추정 법칙을 학습할 수 있을 것이다. 다른 차량 모델과 브랜드도 고객 세분화 부분이라고 불리는 동일한 고객 유형에게 모두 어필하기 때문에 이 동일한 세분화 그룹 내에 있는 차량들은 모두 비슷하게 가치가 떨어지리라고 기대한다. 브랜드를 무시하고 유형을 정의하는 기본적 속성에 집중하는 것은 같은 종류의 데이터를 사용하는 것과 비슷하다. 이것은 데이터의 크기를 효과적으로 증가시킨다.

아웃풋에 대해서도 유사한 주장을 할 수 있을 것이다. 가격을 예측하는 것보다 그 원 가격의 비율을 예측하는 것이 더 타당하다. 이는 더 일반적인 모델을 학습할 수 있게 한다.

물론 일반적인 모델을 학습하는 것이 좋지만, 너무 일반적인 모델만 학습하지는 말아야 한다. 예를 들면, 차량과 트럭은 매우 다른 특성을 가지고 있으므로, 데이터를 각각 별도로 수집하여 각각의 모델과 관련된 다른 모델을 학습하는 것이 좋다.

또 다른 중요한 사실은 그 기저 작업이 시간이 흐름에 따라 바뀔 수 있다는 것이다. 예를 들어, 차량의 가격은 차량 자체의 속성뿐만 아니라 그 과거의 사용량을 나타내는 속성, 소유주의 속성 및 경제 상태 등, 즉 다른 것들의 영향을 받는다. 만약 우리가 판매와 구매를 하는 환경인 경제가 유의한 변화를 겪는다면, 과거의 경향은 더 이상 적용되지 않는다. 통계학적으로 말하자면, 데이터 기저의 임의적인 과정의 속성이 변하였다. 우리는 새로 던질 동전을 받은 것이다. 이러한 경우, 이전에 학습된 모델은 더 이상 해당되지 않으므로, 우리는 새로운 데이터를 수집해 다시 배워야 한다. 아니면 우리의 능률에 대한 피드백을 얻을 메커니즘이 필요하므로 모델을 사용하면서 계속 조정해야 한다.

모델 선택

Model Selection

학습에서 가장 중요한 점 중 하나는 인풋과 아웃풋 사이의 관계 템플릿을 정의하는 모델이다. 만약 아웃풋을 속성의 가중치 합계로 작성할 수 있다면, 그 속성에 추가적인 효과가 있는 선형 모델linear model을 사용할 수 있다—예를 들면, 추가된 좌석은 차량의 가치를 X달러 늘릴 수 있고, 추가로 1,000마일을 주행하면 차량의 가치를 Y달러 감소시킬 수 있다.

각 속성의 가중치(X와 Y)는 표본에서 계산할 수 있다. 가중치는 양수이거나 음수일 수 있다-이는 달리 말하면, 해당 속성이 증가하거나 감소하면 가격이 증가하거나 감소한다. 만약 가중치가 0에 가깝다면 관련된 속성이 중요하지 않다고 여기고 이를 모델로부터 제거할 수 있다. 이러한 가중치는 모델의 매개변수parameters로 데이터를 통해 조정할 수 있다. 모델은 항상 고정된 상태다. 조정이 가능한 것은 매개변수이며 우리가 학습이라고 배우는 데이터에 더 부합하기 위한 과정이다.

선형 모델은 단순하기 때문에 아주 인기가 많다. 또 매개변수가 적고 가중치 합을 쉽게 계산할 수 있어 이해 및 해석이 용이하다. 또한 더 나아가, 다른 수많은 작업들에도 놀라울 정도로 효과적이다.

매개변수를 어떻게 변화시키든 각 모델은 문제들의 집합을 학습하기 위해 사용될 수 있으며 모델 선택은 여러 모델들 사이에서 선택을 하는 작업을 나타낸다. 올바른 모델을 선택하는 것은 모델이 고정된 경우 그 매개변수를 최적화하는 것보다 더 복잡한 작업이며 그 응용 프로그램에 대한 정보가 도움이 된다.

예를 들어, 차량 가격을 예측할 때 선행 모델을 적용할 수 없을 수도 있다. 경험론적으로 볼 때 연령의 효과는 수학적인 것이 아니라 기하학적이라는 것을 알 수 있다. 각각 추가되는 연도는 같은 가격을 동일하게 낮추지는 않지만, 일반적인 차량은 매년 그 가치의 15퍼센트가량 감가상각이 된다. 다음 절에서는 더 다양한 응용 프로그램에서 사용할 수 있다는 점에서 더욱 강력한 비선형 모델을 사용하는 머신러닝 알고리즘을 살펴볼 것이다.

지도 학습

Supervised Learning

이러한 아웃풋 값을 인풋 값의 집합으로부터 예측하는 작업을 통계학에서는 회귀라고 한다. 선형 모델의 경우에는 선형 회귀를 사용한다. 머신러닝에서 회귀는 지도 학습supervised learning의 일종이다. 원하는 아웃풋을 제공할 수 있는 슈퍼바이저(운영체제의 핵심적 일부분으로, 주기억장치의 할당, 멀티태스킹, 입출력 제어, 시스템 자원의 배분 등의 기능을 하며 프로그램의 실행을 지도한다-옮긴이)가 존재한다. 여기서 아웃풋은 각 인풋 차량에 대한 가격이다. 현재 시장에서 판매되는 차량을 보고 데이터를 수집할 때, 차량의 속성과 그 가격을 관찰할 수 있다.

가중치를 가진 선형 모델만이 가능한 것은 아니다. 각 모델은 인풋과 아웃풋 사이에 있는 의존성 추정의 특정 유형과 일치한다. 학습은 매개변수를 조정하여 그 모델이 데이터에 관한 가장 정확한 예측을 할 수 있게 한다. 일반적으로 학습은 성능의 판정 기준에 따라 더 나아지는 것을 내포하며, 회귀에서는 모델 예측이 훈련 데이터에서 관찰된 출력 값과 얼마나 근접한지에 따라 성능이 달라진다. 여기서 훈련 데이터가 그 주어진 작업의 특성을 충분히 잘 반영함으로써 훈련 데이터에 부합하는 모델이 그 작업을 학습했을 것이라고 추정할 수 있다.

문헌에 있는 다른 머신러닝 알고리즘들은 사용하는 모델이나 이들이 최적화하는 성능 기준 혹은 이 최적화를 진행하는 동안 매개변수의 조정 방식에서 차이를 보인다.

여기서 우리는 머신러닝의 목표가 단지 훈련 데이터를 복제하는 것이 아니라 새로운 사례들을 정확하게 예측하는 것임을 기억해야 한다. 시장에는 일정한 수의 차량만 있으며, 이들에 대한 가격을 전부 알고 있다면 그저 그 모든 값을 저장한 뒤 테이블 조사table lookup(표로 정리된 데이터 집합에서 필요한 데이터를 탐색하는 것-옮긴이)만 하면 될 것이다. 이것은 암기memorization일 것이다. 하지만 종종 가능한 모든 인스턴스들의 작은 부분 집합만이 주어지게 되며, 우리는 이 데이터로부터 일반화generalize하기를 원한다. 달리 말하자면, 훈련 중에는 보이지 않던 인풋에 대한 예측까지 하기 위해 훈련 예시를 넘어서 일반적 모델을 학습하고자 하는 것이다.

가능한 모든 차량 중 일부분의 집합만 보더라도 우리는 훈련 집합 외부에 있는 차량에 대한 정확한 가격을 예측할 수 있을 것이다. 그 올바른 아웃풋이 훈련 집합에서 주어지지 않았음에도 말이다. 훈련 집합의 모델이 새로운 예시에 대해 올바른 아웃풋을 내는 방식은 그 모델과 학습 알고리즘의 일반화 능력generalization ability이라고 불린다.

여기서의 기본적인 전제(그리고 이는 학습을 가능케 하는 전제다)는 유사한 차량은 유사한 가격을 가지며, 그 유사성은 우리가 사용하려고 선택한 인풋 속성에서 측정된다는 것이다. 이러한 속성들의 값이 천천히 변화함에 따라-예컨대, 주행거리가 변화하는 것처럼-가격 역시 느리게 변화할 것으로 예상된다. 인풋에 대해 아웃풋은 매끄럽게 변화하는 편이며, 이러한 특성이 일반화를 가능하게 하는 것이다. 그러한 규칙성이 없다면 특정 사례에서 일반 모델로 나아갈 수 없으며, 학습 집합 내외의 모든 사례에 적용이 가능한 일반 모델이 있다는 믿음에도 근거가 없을 것이다.

중고차의 가격을 예측하는 작업뿐만 아니라 현실세계로부터 데이터를 수집하는 많은 작업들은 그것이 비즈니스적 활용과 관련된 것이든, 패턴 인식과 관련된 것이든, 혹은 과학과 관련된 것이든, 이러한 원활함을 알 수 있을 것이다. 세상은 규칙적이기 때문에 머신러닝과 예측이 가능하다. 세상의 모든 것은 점진적으로 변한다. 우리는 시점 A에서 B로 순간적으로 이동하지 않고 그 중간 지역을 거쳐야 한다. 사물은 이 세상의 지속적인 공간을 차지한다.

인간의 시각적인 공간에서 중간 지점은 같은 사물에 속하는 것이므로 같은 색상을 가진다. 소리 역시 마찬가지다. 그것이 노래든 음성이든 점진적으로 변화한다. 불연속성은 경계에 따른 것이며 이는 드문 현상이다. 우리가 카니자의 삼각형Kanizsa Triangle(실제로 존재하지는 않지만, 팩맨처럼 생긴 세 개의 동그라미 가운데에 삼각형이 보이는 듯한 시각적 환상)처럼 착시라고 부르는 것은 우리의 감각 기관과 두뇌의 점진적인 전제 때문이다.

이러한 전제는 수집한 데이터가 독특한 모델을 발견하기에 충분치 않기 때문이다. 학습이나 모델을 데이터에 맞추는 것은 좋지 못한 문제다. 모든 학습 알고리즘은 데이터에 대한 전제하에 독특한 모델을 찾는데, 이를 학습 알고리즘의 귀납적 편향inductive bias이라고 부른다.

일반화 능력은 머신러닝의 기본적인 힘이다. 이는 훈련 인스턴스를 넘어선다. 물론, 머신러닝 모델이 적합하게 일반화한다는 보장은 없다. 이는 작업에 대해 모델이 얼마나 적합한지, 훈련 데이터가 얼마나 있는지, 그리고 모델 매개변수가 얼마나 잘 최적화되었는지에 따른다. 하지만 잘 일반화한다면 데이터 이상의 모델을 가질 수 있을 것이다. 선생님이 수업시간에 푼 연습문제를 풀 수 있는 학생이 해당 과목을 완전히 터득한 것은 아니다. 이러한 예시로부터 일반적인 이해를 얻어 이 주제에 대한 새로운 문제를 풀 수 있어야 한다.

Learning a Sequence

매우 단순한 예제를 살펴보도록 하자. 주어진 몇 가지의 숫자로 다음 숫자를 찾아야 한다. 그 수열은 다음과 같다.

0, 1, 1, 2, 3, 5, 8, 13, 21, 34, 55

아마 이것이 피보나치 수열Fibonacci sequence이라는 것을 눈치챘을 것이다. 첫 두 숫자는 0과 1이며 다음 숫자는 그 이전 숫자 두 개의 합이다. 모델을 파악한다면 예측하여 그다음 숫자가 89라고 전제할 수 있을 것이다. 같은 모델로 계속 예측하여 수열을 계속 생성할 수 있다.

이러한 답을 구한 이유는 데이터에 대한 단순한 설명을 얻기 위해서다. 이는 우리가 항상 하는 일이다. 철학에서 오캄의 면도날Occam's razor은 단순한 설명을 선호하여 불필요한 복잡함을 없앨 것을 권장한다. 이 수열에 대해 이전 두 숫자를 더하는 직선적인 규칙은 충분히 단순한 것이다.

만약 수열이 다음과 같이 더 짧다면, 바로 피보나치 수열을 택하지는 않을 것이다.

0, 1, 1, 2.

내 예측으로는 다음에 2가 나올 것 같다. 짧은 수열의 경우에는 가능하면서도 단순한 규칙들이 많이 있다. 각 연속되는 자리를 보면 이러한 규칙은 그다음 값과 일치하지 않는다. 모델 일치model fitting(데이터 점들의 집합을 기술하기 위하여 모델의 매개변수들을 선택하는 것-옮긴이)는 기본적으로 제거의 과정이다. 각각의 추가적 관측(훈련 사례)은 이에 부합하지 않는 후보들을 없애는 것이다. 그리고 그 단순한 후보들이 없어진다면, 모든 조건을 다루기 위해 점점 더 복잡한 설명으로 나아가야 한다. 모델의 복잡성은 하이퍼매개변수hyperparameters, 하이퍼파라미터를 사용하여 정의된다. 여기서 모델이 선형적이며 이전 두 자리만 사용되었다는 사실이 하이퍼매개변수다.

이제 다음의 수열에 대해 생각해보자.

0, 1, 1, 2, 3, 6, 8, 13, 20, 34, 55.

어쩌면 이 수열을 설명하는 규칙도 찾을 수 있겠지만 아마도 그것은 복잡할 것이라고 생각된다. 대신 이것이 두 개의 오류가 있는 피보나치 수열이며 (5 대신에 6, 21 대신에 20) 다음 숫자가 89일 것이라고 예측할 수 있겠다. 혹은 다음 숫자가 [89,90] 사이에 있다고 할 수 있을 것이다.

우리가 오류가 있을 수 있다고 믿는다면 이 수열을 정확하게 설명하는 복잡한 모델 대신 피보나치 수열로 더 효과적으로 설명할 수 있을 것이다(알려지지 않은 요인에 따른 임의적인 효과에 대해 이전에 했던 이야기를 기억하도록 하자). 모든 사람들의 감각은 완벽하지 않고, 대부분의 사람들은 타자를 치는 동안에도 오타를 낸다. 그리고 우리가 타당하고 이성적으로 행동한다고 생각해도 우리는 항상 기분의 영향을 받으며, 충동적으로 구매하고, 읽고, 클릭하고, 여행한다. 때때로 인간의 행동은 아폴론적인 것만큼 디오니소스적이다.

학습은 또한 압축compression을 수행한다. 수열의 규칙을 배운다면 더 이상 데이터가 필요하지 않다. 데이터에 규칙을 적용하면 데이터보다 단순한 설명을 얻을 수 있으므로 저장하는 데 필요한 메모리가 줄어들고, 처리해야 할 계산 역시 줄어들 것이다. 곱하기 규칙을 배우면 가능한 모든 한 쌍의 숫자들을 외울 필요가 없다.

개인신용평가

Credit Scoring

이제 또 다른 머신러닝 알고리즘의 유형에 대해 살펴보자. 신용이란 은행과 같은 금융 기관이 빌려주고, 이자와 함께 일반적으로 할부로 갚는 돈의 액수를 말한다. 은행이 대출과 관련된 위험을 예측하고 고객이 채무를 불이행해 빌린 돈을 갚지 않을 확률을 예측하는 것은 매우 중요한 일이다. 이는 은행은 흑자를 내고, 고객이 갚을 수 없는 돈을 빌려주지 않기 위해서다.

은행은 신용평가를 위해 신용과 고객에 대한 정보에 따라 위험을 계산한다. 이 정보는 우리가 접근할 수 있는 데이터를 포함하며, 고객의 금융 역량을 계산하는 것과 관련되어 있다. 이는 주로 소득, 저축,

담보, 직업, 연령, 과거 금융 기록 등이다. 다시 말하지만, 계산과 관련된 규칙은 알려지지 않았다. 이는 시간과 장소에 따라 변동된다. 그러므로 최선의 접근법은 데이터를 수집해 이로부터 학습을 하는 것이다.

신용평가는 회귀 문제라고 할 수 있다. 역사적으로는 고객의 점수를 다른 속성들의 가중치로 기술되는 선형 모델이 빈번하게 사용되었다. 추가적인 임금 몇천 달러는 점수를 X점만큼 증가시키며, 각 추가적인 몇천 달러의 부채는 점수를 Y점만큼 감소시킨다. 계산된 점수에 따라 다른 조치들이 취해질 수 있을 것이다. 예를 들어, 더 높은 점수를 획득한 고객의 신용카드 한도가 더 높을 수 있다.

회귀 대신에 신용평가는 고위험 고객과 저위험 고객, 두 가지 클래스의 고객이 존재하는 분류classification 문제로 정의할 수도 있다. 분류는 아웃풋이 클래스 코드인 지도 학습의 다른 종류이며 회귀에서 우리가 가지는 수치와 대립한다.

클래스class란 공통된 속성을 공유하는 인스턴스이며, 이것은 분류 문제로 정의된다. 또한 고위험 고객들은 저위험 고객들에게는 없는 공통된 속성을 공유하고 있으며 판별 요인discriminant이라는 특성에 따라 클래스를 형성할 수 있다. 우리는 판별 요인을 고객 속성이 정의하는 공간 내에서 두 클래스를 나누는 경계선으로 볼 수 있다.

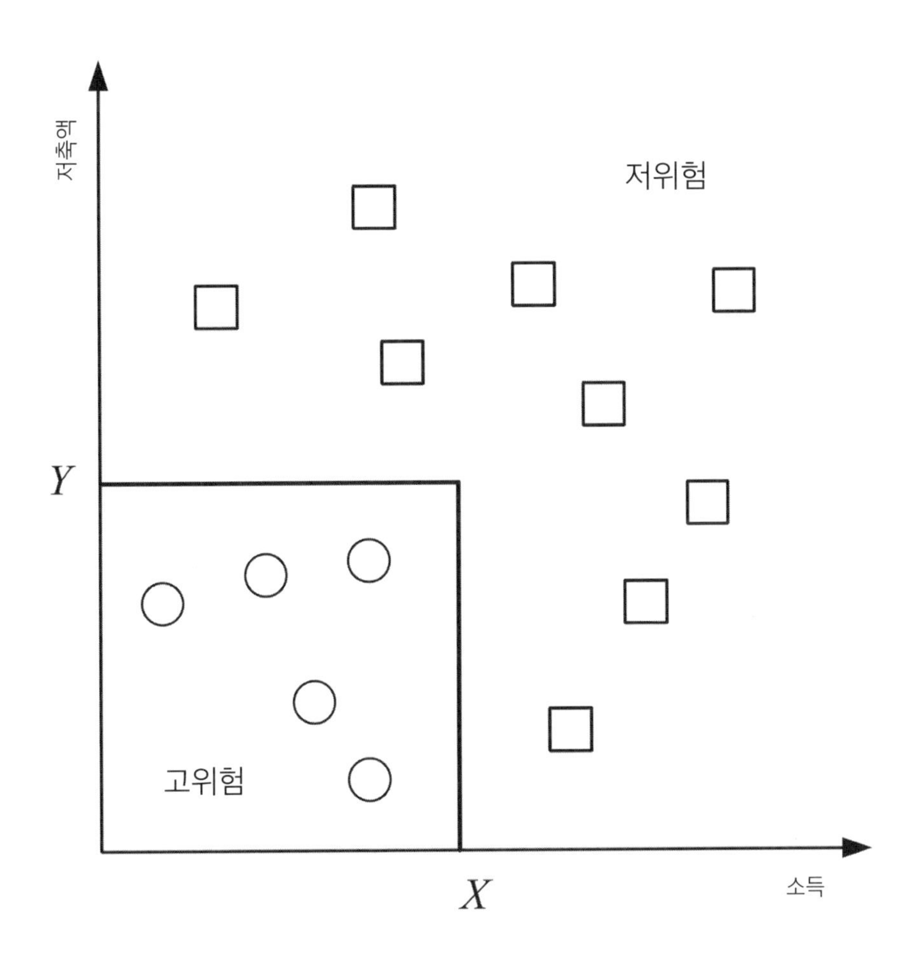

[그림 2.2] 저위험 고객과 고위험 고객을 나누는 분류의 문제. 두 축은 소득과 저축액이며 각각 단위가 주어졌다(예, 수천 달러). 각 고객은 고객의 소득과 저축액에 따라 2차원 공간에서 한 점으로 표시된다. 그리고 고객 클래스는 모양으로 표시된다. 고위험 고객은 원으로 표시되고 저위험 고객은 네모로 표시된다. 고위험 고객은 모두 X보다 낮은 소득과 Y보다 낮은 저축액을 보유하고 있으며, 그러므로 이러한 조건은 굵은 글자로 표시되는 판별 요인으로 사용할 수 있다.

일반적으로, 그 판별 요인을 알 수는 없지만 표본 데이터가 있는 경우에 관심이 있다면 판별 요인을 데이터로부터 학습하고자 한다.

데이터를 준비하면서 과거의 거래를 살펴보고 대출액을 갚은 고객을 저위험 고객으로 분류하고, 채무를 이행하지 않은 고객들을 고위험 고객으로 분류한다. 이 데이터를 분석하여 고위험 고객들의 클래스를 학습함으로써 미래에 새로운 고객이 대출신청을 할 경우, 그 고객이 데이터에 부합하는지를 살펴 신청을 거부하거나 승인할 수 있다.

고객 정보는 인풋을 두 클래스 중 하나로 분류하는 작업이 주어진 선별기에 주어지는 정보 중 하나다. 신청에 대한 지식을 활용하여 고객의 소득과 저축액을 인풋으로 사용하는 것을 결정한다고 해보자(그림 2.2 참조). 이러한 요인들이 고객의 신용에 충분한 정보를 제공한다고 믿고 있으므로 이러한 요인들을 관찰하는 것이다.

우리에게는, 고객의 상세한 경제 상태와 고객에 대한 충분한 정보를 포함하는 역할을 수행하는 모든 요소들의 완전한 지식에 대한 접근권이 없다. 그래서 누군가가 저위험 또는 고위험 고객이 될 것인지를 결정론적으로 계산할 수 없는 것이다. 그런 것들은 관찰할 수가 없다. 관찰할 수 있는 것과 함께 임의성을 도입하는 것은 그런 이유 때문이다. 산규 고객이 저위험 고객인지 고위험 고객인지 정확히 말할 수는 없으나 두 개의 클래스에 대한 가능성을 계산할 수 있다. 그러고 나서 더 높은 가능성을 가진 쪽을 선택하는 것이다.

한 모델은 '만약(IF)-그렇다면(THEN)' 규칙의 형태로 판별 요인을 정의한다.

IF 소득 < X AND 저금액 < Y THEN 고위험
ELSE(그 밖에는) 저위험

여기서 X와 Y는 데이터에 맞추어진 매개변수이며, 이 두 데이터는 데이터가 말하고자 하는 예측에 가장 잘 부합한다(그림 2.2 참조). 이 모델에서 매개변수는 선형 모델에서의 가중치가 아니라 임계치이다.

각각의 'IF-THEN' 규칙은 이러한 조건을 명시하는데, 이것은 인풋 속성 중 하나에 대한 단순한 조건이다. 규칙 다음에는 AND와 연결된 표현이 나온다. 모든 조건에는 규칙이 적용된다.

규칙에 따라 고객 중에서 소득이 X보다 낮고, 저축액이 Y보다 낮은 고객의 경우 저위험 고객보다 고위험 고객이 더 많다. 따라서 이에 대한 위험이 더 높아 규칙의 결과는 고위험이라는 것을 이해한다.

이 단순한 예시에서는 고위험의 부담이 있는 방식은 하나뿐이고, 이에 해당되지 않는 경우는 모두 저위험이라고 할 수 있다. 또 다른 응

용 프로그램에서는 몇 가지 'IF-THEN' 규칙으로 구성된 규칙 기반이 있을 것이며, 이들 각각은 특정 지역을 나타내고 각 클래스는 그러한 규칙을 통해 명시된다. 고위험일 수 있는 방식은 여러 가지가 있는데, 이러한 방식은 각각 규칙 하나로 명시되며 이러한 규칙 중 하나라도 충족시키면 충분하다.

데이터에서 이러한 규칙을 학습하면 지식 추출이 가능하다. 이 규칙은 데이터를 설명하는 단순한 모델이며, 이 모델을 살펴보고 데이터에 따른 과정을 설명할 수 있다. 예를 들어, 저위험 고객과 고위험 고객을 분류하는 판별법을 인지한다면, 저위험 고객의 속성을 알 수 있다. 그리고 이 정보를 이용해 잠재적인 저위험 고객들을 맞춤형 광고나 다른 수단으로 더 효과적으로 상대할 수 있다.

전문가 시스템

Expert Systems

머신러닝이 일반적으로 사용되기 전에는 전문가 시스템이 존재하였다. 1970년대에 제시되어 1980년대에 사용된 전문가 시스템은 인간이 의사결정을 내리는 것을 도와주는 컴퓨터 프로그램이었다.

전문가 시스템expert system은 지식 기반knowledge base과 추론 엔진inference engine으로 구성된다. 지식은 'IF-THEN' 규칙으로 표현하고, 추론 엔진은 귀납법을 위한 논리적인 추론 규칙을 사용한다. 또한 규칙을 도메인 전문가들과 상담해 프로그래밍하여 확정한다. 이러한 도메인 지식을 'IF-THEN' 규칙으로 변환하는 것은 어렵고 비용이 많이 들었다. 추론 엔진은 리스프LISP(리스트 형식으로 된 데이터를 처리하여 인공지능 소프트웨어를 만드는 언어-옮긴이)

와 프롤로그Prolog(인공지능 시스템 개발에 쓰이는 언어로 논리식을 사용한다-옮긴이) 같은 특수한 프로그래밍 언어로 프로그래밍되었으며, 특히 논리적인 추론에 적합하였다.

1980년대에 전문가 시스템은 미국(LISP를 사용하였다)뿐만 아니라 유럽(Prolog사용 국가)에서도 꽤나 인기를 얻었다. 일본에는 전문가 시스템과 인공지능(AI) 및 대규모 병렬 아키텍처massively parallel architectures를 위한 5세대 컴퓨터 시스템 프로젝트Fifth Generation Computer Systems Project가 있었다. 이와 관련한 응용 프로그램이 있었지만 이러한 응용 프로그램은 질병을 감지하기 위한 MYCIN(마이신, 1970년대 스탠포드대학교에서 개발한 최초의 전문가 시스템으로 규형증과 수막염의 진단과 처방을 돕는 의사용 프로그램-옮긴이)과 같은 제한적인 영역에서만 사용되었다. 또한 상거래 시스템도 존재하였다.

이와 관련한 연구와 상당한 관심에도 불구하고, 전문가 시스템은 사실상 대중화되지 못했다. 이에 대한 이유로는 크게 두 가지가 있다. 첫 번째 이유는 지식 기반은 매우 어려운 과정을 통해 생성된다. 데이터로부터 학습할 방법이 없다. 두 번째 이유는 논리가 실제 세상을 나타내기에는 부적합하기 때문이다. 사람은 늙거나 늙지 않는 것이 아니라, 나이에 따라 점점 늙어가는 것이다. 논리적인 규칙 역시 다음과 같은 다양한 수준의 확실성으로 적용될 수 있다. 예컨대, "X가 새라면, X는 날 수 있다"는 대부분의 경우에는 맞지만 항상 맞는 말은 아니다.

진실의 정도를 표현하기 위하여 퍼지 멤버십fuzzy membership, 퍼지 규칙fuzzy rules, 그리고 추론과 함께 퍼지 논리fuzzy logic가 제안되었다. 그 이후로 퍼지 논리는 다양한 응용에 있어서 어느 정도 성공을 거두었다. 불확실성을 나타내는 또 다른 방식은 이 책에서 다루는 것처럼 확률 이론probability theory을 사용하는 것이다.

이 책에서 논하고 있는 머신러닝 시스템은 두 가지 방식으로 의사결정을 하는 전문가 시스템의 확장이다. 첫 번째는 프로그래밍 없이도 예시로부터 학습할 수 있다는 것이다. 두 번째는 확률 이론을 사용하기 때문에 모든 수반되는 노이즈, 예외, 모호함, 그리고 불확실성으로 현실세계를 더 잘 나타낸다는 것이다.

기대치

Expected Values

우리가 결정을 내릴 때-예를 들면, 클래스 중 하나를 선택할 때-그 선택은 옳은 것일 수도 있고 틀린 것일 수도 있다. 결정이라고 해서 반드시 좋은 것은 아닐 수 있으며 잘못된 결정은 나쁜 것이 아닐 수 있다. 대출 신청인에 대한 결정을 내릴 때 금융 기관은 잠재적인 이익과 잠재적인 손실을 동시에 고려해야 한다. 저위험 신청인을 받아들이는 것은 순수익을 증가시키며, 거부된 고위험 신청인은 손실을 감소시킨다. 잘못 승인한 고위험 신청인은 손실을 유발하고, 잘못 거부된 저위험 신청인은 이득의 손실로 이어진다.

이와 같은 상황은 의료 진단과 같은 다른 영역에서 훨씬 더 치명적이고 균형 잡힌 상태와는 거리가 멀다. 여기서 인풋은 환자에 대해 가지고 있는 관련 정보이며, 클래스는 질병이다. 인풋은 환자의 연령, 성별, 과거 의료 이력 및 현재 질환을 포함할 것이다. 환자에게 아직 적용하지 않은 테스트들이 있어서 몇 가지 인풋이 없는 상태일 수도 있다. 테스트는 시간이 걸리고, 비싼 데다가 환자를 불편하게 할 수도 있으므로 가치 있는 정보가 나오지 않는다면 하지 말아야 한다.

의료 진단의 경우, 잘못된 결정은 잘못된 치료 또는 치료를 아예 하지 않는 것으로 이어질 수 있으며, 다른 유형의 오류들은 각각 동등하게 치명적이지는 않다. 이러한 정보를 기반으로 환자에 대한 정보를 수집하는 시스템이 있고, 환자가 특정 질병(특정 암이라고 가정하자)을 갖고 있는지 결정해야 한다고 가정해보자. 환자는 암에 걸려서 양성 클래스에 속하거나 암에 걸린 상태가 아니어서 음성 클래스에 속할 것이다.

이와 유사하게, 오류에는 두 가지 유형이 존재한다. 만약 시스템이 암을 예측했지만 환자가 사실상 암에 걸린 상태가 아니라면 이것은 잘못된 것이다. 시스템이 잘못된 긍정 오류false positive를 선택한 것이다. 이것은 불필요한 치료로 비용을 낭비하고 환자를 불편하게 하기 때문에 잘못된 일이다. 반대로 만약 시스템이 환자가 질병에 걸렸는데도 환자가 건강하다고 진단한다면 이것은 부정 오류false negative다.

잘못된 부정 오류는 환자가 필요한 치료를 받지 못하게 하기 때문에 잘못된 긍정 오류보다 더 높은 비용을 초래한다. 잘못된 부정 오류의 비용이 잘못된 긍정 오류의 비용보다 더 높기 때문에 우리는 양성 클래스를 선택해 세밀한 조사를 시작할 것이다. 양성 클래스의 확률이 상대적으로 작다 하더라도 말이다. 이것은 그 확률이 ½보다 더 큰 동전 던지기의 결과를 예측하는 것과 다르다.

이는 확률을 사용하여 결정을 할 뿐만 아니라 진단의 결과로써 발생할 수 있는 손실이나 이익까지도 고려하는 기대 값 계산의 기반이 된다. 기대 값 계산이 보험과 같이 여러 영역에서 빈번하게 사용되지만, 사람들이 이것을 언제나 이성적으로 사용하지는 않는다. 사람들이 올바르게 판단할 수 있다면 로또를 사는 사람은 아무도 없을 것이다!

막스 프리쉬의 소설 『호모 파베르Homo Faber』에서, 뱀에 물린 소녀의 어머니는 뱀에 물려서 죽을 확률이 3~10퍼센트이니 걱정하지 말라는 말을 듣는다. 이 어머니는 격노해서 "만약 내게 백 명의 딸이 있다면…. 세 명에서 열 명의 딸만 잃겠군요! 굉장히 적은 숫자네요! 퍽이나"라고 말하고 "하지만 제게는 딸이 한 명밖에 없어요."라고 말한다. 윤리적인 문제가 관련될 경우에 기대 값 계산은 세심하게 해야 한다. 만약 거짓 양성false positive 및 거짓 음성false negative 결과에 높은 대가가 걸려 있다면 취할 수 있는 세 번째 조치는 결정을 거부하고 미루는 것이다.

예를 들어, 만약 컴퓨터 기반의 진단이 두 가지의 결과 사이에서 선택을 할 수 없다면 그것을 거부할 수 있으며, 그 문제는 인간의 수작업으로 결정될 수 있을 것이다. 전문가는 시스템에 직접 제공하지 않은 추가적인 정보를 활용할 수 있다. 자동 우편 분류기에서 기계가 숫자 우편번호를 봉투에서 읽어낼 수 없다면 직원이 대신 읽을 수 있을 것이다.

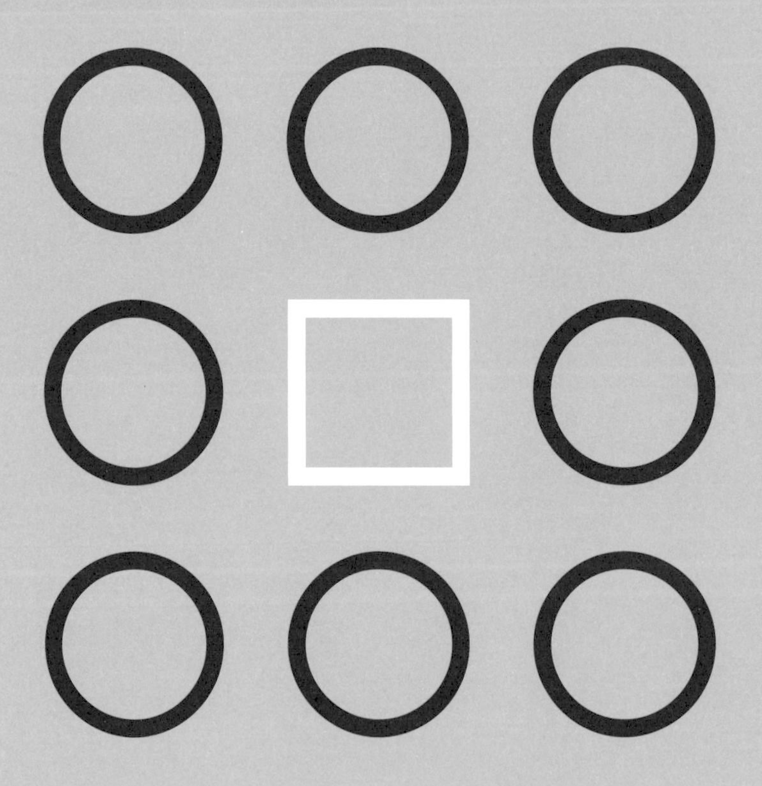

패턴 인식

읽기 학습

Learning to Read

다양한 자동 시각 인식 작업은 각각 다른 복잡성을 내포하고 있다. 가장 단순한 인식 중 하나는 각각 다른 너비로 표시된 바코드에서 정보를 읽어내는 것이다. 바코드는 단순하면서도 효율적인 기술이다. 바코드는 일단 인쇄하기가 쉽다. 또 스캐너가 바코드를 읽는 것 역시 쉬운 일이다. 이러한 이유로 바코드는 아직도 널리 사용되고 있다. 하지만 바코드는 자연스러운 표현 방식이 아니며, 정보의 수용력도 제한적이다. 최근에는 더 많은 정보를 더 작은 영역에 코딩할 수 있는 2차원 매트릭스 바코드가 제시되었다.

공학 분야에서는 언제나 하나를 얻으면 또 다른 하나를 포기해야 한다. 작업을 해결하기 어려울 때 그 작업을 제한함으로써 더 효율적인 솔루션을 고안해낼 수 있다. 예를 들어, 바퀴는 운송을 위해서는 매우 좋은 수단이지만, 그것은 평평한 표면과 잘 닦여진 도로를 필요로 한다. 통제된 환경은 작업을 더 쉽게 만든다. 인간의 다리는 다양한 지형에서 다닐 수 있지만, 직접 제작할 수 없으며 통제하기가 어렵다. 또한 무거운 짐을 들고 다니는 일도 어려울 것이다.

시각적인 문자 인식Optical character recognition은 이미지로부터 인쇄되거나 쓰여 진 문자를 인식하는 것이다. 이것은 추가적인 코딩이 필요하지 않기 때문에 더 자연스러운 방식이다. 하나의 폰트만 사용하였다면 각 글자를 쓰는 방법은 하나뿐이다. OCR-A와 같이 쉽게 인식할 수 있는 표준화된 폰트가 있다.

바코드나 하나의 폰트를 사용할 경우, 각 클래스별로 하나의 템플릿이 존재하므로 이를 학습할 필요가 없다. 각 문자마다 단순히 저장할 수 있는 단일한 프로토타입을 가지고 있다. 그 프로토타입은 그 문자에 대한 이상적인 이미지이며, 우리는 보이는 인풋과 모든 프로토타입을 하나씩 비교해보고 가장 잘 맞는 프로토타입을 이용해 클래스를 선택한다. 이 과정을 템플릿 매칭template matching이라고 부른다. 프린트나 감지 과정에서 오류들이 있을 수도 있지만 우리는 가장 잘 맞는 것을 찾아서 인식을 할 수 있다.

만약 우리가 아주 많은 폰트나 필적들을 갖고 있다면, 같은 문자를 다양한 방식으로 쓸 수 있을 것이며, 아마 템플릿으로 그 모든 것들을 저장할 수는 없을 것이다. 대신, 동일한 문자의 각기 다른 예시들을 통해 클래스를 '학습하고' 그 예시들을 모두 포함하는 일반적인 서술을 발견하고자 한다.

문자는 인간의 발명이지만, 문자 'A'의 모양을 규정하는 공식적인 서술이 없고, 'A'가 아닌 것을 규정하는 서술 또한 없기 때문에 문자 'A'는 모든 모양의 'A'를 포함한다는 사실이 흥미롭다. 이러한 서술을 가지고 있지 않기 때문에 우리는 다양한 손글씨와 폰트로부터 표본을 취하고, 이렇게 얻은 예시들로부터 'A'의 정의를 학습하는 것이다. 비록 클래스 'A'의 인스턴스 이미지를 만드는 것이 무엇인지는 모르지만, 그 모든 'A'들에 우리가 예시들로부터 추출하고자 하는 어떤 공통점이 있을 것이라고 확신한다.

하나의 문자 이미지는 단순히 무작위의 점들과 다른 방향들로 향하는 선들의 집합이 아니라, 학습하는 프로그램을 이용하여 포착할 수 있는 규칙성을 가지고 있다. 우리는 각각의 문자에 대해 다른 폰트(인쇄된 글의 경우에) 및 글씨(손글씨)의 예시를 보고 일반화할 수 있을 것이다. 문자의 모든 예시가 공유하는 서술이 있을 것이다. 'A'는 특정 방향으로 향한 선들의 집합을 혼합한 방식이며 'B'는 또 다른 방식이다.

인쇄된 문자의 인식은 라틴 알파벳과 그 변형의 경우 비교적 용이하다. 하지만 더 많은 문자, 억양, 그리고 글씨를 쓰는 방식들이 존재하는 알파벳의 경우에는 더욱 어렵다. 필기체의 경우에는 문자들이 연결되어 있으며 그것들을 분리해야 하는 추가적인 문제가 생긴다.

세상에는 다른 폰트들이 아주 많이 존재하며 사람들은 각각 다른 방식으로 글씨를 쓴다. 문자는 작거나 크거나, 기울어졌거나 잉크로 인쇄되거나 연필로 쓴 것일 수 있으며 결과적으로 수많은 이미지가 하나의 같은 문자에 해당될 수 있다. 그 모든 연구에도 불구하고 이 작업에 대해 인간만큼이나 정확한 프로그램은 없다. 그렇기 때문에 캡처 인증 방식을 사용한다. 이미지 캡처본은 인간에게 단어나 숫자를 적을 것을 요구해 사용자가 인간으로 컴퓨터 프로그램이 아님을 확인한다.

모델의 균질도 일치시키기

Matching Model Granularity

머신러닝에서 목표는 모델을 데이터에 맞추는 것이다. 이상적인 경우에는 전 세계적으로 사용 가능하며 모든 인스턴스에 적용할 수 있는 단 하나의 모델이 있을 것이다. 우리가 2장에서 살펴보았듯이 모든 차량에는 가격을 예측하기 위해 사용할 수 있는 하나의 회귀 모델이 있다. 이러한 경우 모델은 완전한 훈련 데이터로 훈련되며, 모든 인스턴스는 모델 매개변수에 영향을 미친다. 통계학에서는 이것을 매개변수 추정parametric estimation이라고 부른다.

매개변수 모델은 단순하기 때문에 우수하다. 우리는 하나의 모델을 저장하고 계산하며 전체 데이터로 이 모델을 훈련시킬 수 있다. 하지만 불행히도 모든 인스턴스에 적용이 가능한 하나의 모델이 모든 응용에서 지속되지 않을 수 있기 때문에 이는 제한적일 수 있다. 또 특정 작업들에서는 특정 유형의 인스턴스들에 적용할 수 있는 일련의 로컬 모델의 집합을 가질 수 있다. 이것을 반모수적 추정semi-parametric estimation 이라고 한다. 인풋을 아웃풋에 매핑하는 모델이 있기는 하지만, 이는 오직 국지적으로만 유효하며 다른 유형의 인풋에 대해 다른 모델을 가지는 것이다.

예를 들어, 중고 차량의 가격을 예측함에 있어 다른 종류의 차량들에 대해 각각 감가상각 행위가 다르다고 믿을 만한 이유가 있다면, 세단에 대한 모델이 하나, 스포츠 차량에 대한 다른 모델이 하나, 그리고 럭셔리 차량에 대한 또 다른 모델이 하나 있을 수 있다. 이러한 접근법에서 그 데이터만 주어진다면 데이터를 집약적으로 묶고 각 로컬 지역에서 모델들을 훈련하는 것은 함께 이루어지며, 각 로컬 모델은 오직 그 영역의 범위에 들어가는 훈련 데이터로만 훈련된다. 여기서 로컬 모델의 수가 모델의 유동성과 복잡성을 정의하는 하이퍼매개변수hyperparameter다.

특정 응용 사항에서 반매개변수 전제semi-parametric assumption는 해당되지 않을 수도 있다. 또한 데이터에 분명한 구조가 없어 몇 개의 로컬 모델로는 설명되지 않을 수 있다. 그러한 경우에는 전체적이나 지역적으로 단순한 모델을 전제하지 않는 비매개변수 추정nonparametric estimation을 사용한다. 우리가 사용하는 유일한 정보는 가장 기본적인 전제다. 주로 유사한 인풋에는 유사한 아웃풋이 있게 마련이다. 이러한 경우에는 훈련 데이터를 모델 매개변수로 변환하는 분명한 훈련 과정이 없다. 대신에 훈련 데이터를 그저 과거 인스턴스의 표본으로 유지한다.

인스턴스가 주어지면 질의query와 가장 유사한 훈련 인스턴스를 찾아서 과거의 유사한 인스턴스에 대해 알려진 아웃풋을 기준으로 아웃풋을 계산한다. 예를 들어, 차량의 가격을 계산하고자 할 경우 가장 유사한 세 대의 차량을 모든 훈련 인스턴스 중에서 찾을 수 있을 것이다. 그리고 이러한 차량 세 대의 가격 평균을 추정치로 계산할 수 있다. 이들은 그 속성에 있어서 가장 유사한 차량이기 때문에 그 가격도 유사할 것이다. 이것을 k-최근접 이웃 알고리즘k-nearest neighbor이라고 하며 여기서 k는 3이 된다. 이들이 세 가지의 가장 유사한 과거 "사례들cases"이기 때문에 이 접근법은 종종 사례 기반 추론case-based reasoning이라고 불리기도 한다. 최근접 이웃 알고리즘은 직관적이다. 유사한 인스턴스는 유사한 것을 뜻한다. 우리는 이웃이 우리와 비슷하기 때문에 이웃을 좋아한다. 아니면 같은 이유로 이웃을 싫어할 수도 있다.

생성 모델

Generative Models

최근 데이터 분석에서 매우 인기를 끈 접근법은, 데이터가 어떻게 생성되었는지에 대한 인간의 생각을 나타내는 생성 모델generative model을 고려하는 것이다. 우리는 우리가 관찰하는 데이터를 생성하기 위해 상호작용하는 수많은 내재적인 원인이 숨겨져 있는 은닉 모델이 있다고 전제한다. 우리가 관찰하는 데이터는 크고 복잡해 보이지만, 이는 숨겨진 요인인 몇 가지 변수로 통제되는 과정으로 생성된다. 그리고 이를 추론할 수 있다면 데이터는 더 단순한 방식으로 표현되고 이해될 수 있을 것이다. 이러한 단순한 모델로 정확한 예측을 할 수 있다.

시각적인 문자 인식을 고려하도록 하자. 일반적으로 각 문자의 이미지가 두 가지의 요인으로 구성되었다고 말할 수 있을 것이다. 그 두 가지는 문자의 라벨인 정체성identity과 글쓰기나 인쇄의 과정(스캔/인식될 때도 가능)에 따른다.

인쇄된 글에서 외형 부분은 폰트에 따른 결과물일 수 있다. 예를 들어, 타임즈 로만Times Roman 폰트의 문자는 모두 다른 너비의 세리프serif와 획을 가진다. 폰트는 미적인 문제다. 캘리그래피에서 미적인 부분이 두드러진다. 하지만 이처럼 추가된 특징은 외형 때문이며 그 정체성에 대한 혼란을 유발할 정도로 큰 문제는 아닐 것이다. 인쇄된 글에서의 폰트처럼, 글쓴이의 글씨를 쓰는 방식은 손글씨 모양의 차이를 유발한다. 외형은 글쓴이가 사용하는 재료(예를 들면, 펜과 연필)에 의해 결정되며 그 매체(예를 들면, 종이와 대리석 석판)에 의해서도 결정된다.

인쇄되거나 손으로 쓴 문자는 크거나 작을 수 있으며, 이것은 일반적으로 문자 이미지가 고정된 크기로 변환되는 표준화의 전처리 단계에서 다루어진다. 우리는 크기가 정체성에 영향을 미치지 않는다는 것을 알고 있다. 이를 불변성이라고 부른다. 우리는 크기에 대한 불변성(폰트 크기가 12pt이든 18pt이든 그 내용은 같다)과 기울기에 대한 불변성(텍스트에 기울기를 주었을 때), 그리고 획의 너비에 따른 불변성(굵은 글씨)을 원한다. 하지만 완전한 회전 불변성과 같은 것은 원하지 않는다. b를 회전시킨 것이 q인 것처럼.

클래스를 인식할 때 우리는 정체성에 집중해야 하고, 그 정체성을 나타내는 속성을 찾아야 하며, 그 속성들을 결합하여 문자를 나타내는 방식에 대해 학습해야 한다. 우리는 저자, 미학, 매체, 그리고 감지와 같은 외형과 관련된 속성을 관련이 없는 것으로 처리하고 이들을 무시하는 법을 배운다. 하지만 다른 작업에서는 이러한 속성들이 중요할 수 있다. 예컨대, 사인 인식이나 자필 확인서에서는 글쓴이의 속성이 중요한 것이다.

생성 모델은 데이터가 숨겨진 요인들에 의하여 어떻게 생성되는지를 설명한다는 점에서 '우연적'인 것이다. 일단 이러한 모델을 훈련했다면, 이를 관찰에서 원인으로 가는, 반대 방향으로 거슬러 올라가는 '진단'에 사용하고 싶을 것이다. 여기서 의료 분야가 좋은 사례가 될 수 있다. 질병은 원인이자 숨겨져 있는 존재들이다. 증상은 의료 검사와 같이 환자에게서 관찰되는 속성이다. 질병에서 증상으로 나아가는 것이 인과관계적인 방향이며 질병이 이 경우다. 증상에서 질병으로 진행하는 것이 진단이며 이것은 의사가 하는 일이다. 일반적인 경우에 진단은 관찰된 변수로부터 숨겨진 요인들을 추론하는 것이다.

생성 모델은 숨은 변수와 측정 변수와 일치하는 노드들로 구성된 그래프로 표현할 수 있으며, 노드 사이의 호[arc]는 인과관계처럼 이들 사이의 의존성을 나타낸다. 이러한 그래프 모델은 문제를 시각적으로 표현할 수 있고, 통계적 추론 및 예측 과정이 유명하고 효율적인 그래프에 매핑이 된다는 점에서 흥미롭다.

예를 들어, 인과관계적인 연결은 숨겨진 요인에서 관찰된 증상까지 나아가며, 진단은 이러한 연결의 방향을 사실상 뒤집는다. 우리는 조건적인 확률을 사용해 의존성을 모델링할 것이다. 예를 들면, 독감에 걸렸을 때 환자의 콧물이 흐른다는 조건적인 확률에 대해 이야기할 때 우리는 인과관계적인 방향을 사용한다. 독감이 콧물을 유발하는 것이다(특정 확률로).

만약 환자가 있는데 그 환자가 콧물을 흘린다는 것을 알고 있다면, 우리는 조건부확률을 다른 방향으로 계산해야 한다. 즉, 콧물이 흐른다는 전제 하에 독감에 걸렸을 확률을 계산해야 하는 것이다(그림 3.1 참조). 확률에서 두 조건부확률은 베이즈 정리Bayes' rule 때문에 관련이 있으며, 그렇기 때문에 이러한 두 그래프 모델은 종종 베이지안 네트워크Bayesian network라고 불린다. 추후에 우리는 베이지안의 추정Bayesian estimation에 대해 다시 다룰 것이다. 우리는 이러한 네트워크에서 모델 매개변수를 연결할 수 있고 이것이 추가적인 유연성을 가능하게 한다는 것을 확인할 수 있다.

만약 글을 읽고 있다면, 우리가 활용할 수 있는 요소는 중 하나는 언어적인 정보다. 단어는 문자의 연속이며 우리는 그저 임의적인 문자의 연속을 읽는 것이 아니라 언어의 어휘로부터 단어를 선택하는 것이다. 이것은 우리가 특정 문자를 인식할 수 없더라도 전체적인 단어를 읽을 수 있다는 장점을 부여한다. 그러한 맥락적인 의존성은 언어의 통사적인 규칙과 의미적인 규칙에 따라 단어와 문장 사이에서 일어날 수 있다. 머신러닝 알고리즘은 우리가 곧 논하게 될 자연어 처리에 대한 의존성을 학습할 수 있도록 도와준다.

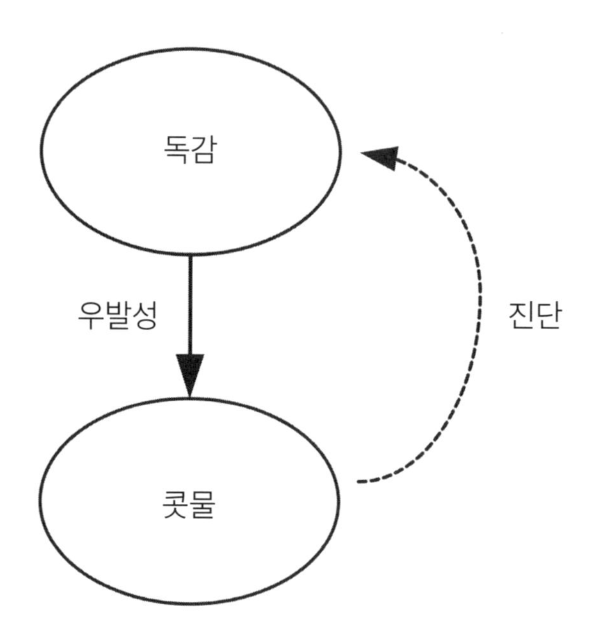

[그림 3.1] 콧물의 원인이 독감임을 나타내는 그래프 모델. 만약 환자가 콧물이 나는데 이 환자가 독감에 걸렸을 확률을 확인하고 싶다면 우리는 반대방향으로 (베이즈 정리를 사용하여) 추론을 해서 진단을 하는 것이다. 더 많은 노드와 연결고리를 추가해 더 큰 그래프를 그려 더욱 복잡한 의존성을 나타낼 수 있다.

얼굴 인식

Face Recognition

얼굴 인식face recognition의 경우에 인풋은 카메라에 의해 포착된 이미지이며, 클래스는 인식되어야 하는 사람들이다. 학습 프로그램은 얼굴 이미지를 그 정체성과 대조하는matching 법을 학습해야 한다. 문제는 인풋 이미지가 훨씬 더 크고, 얼굴은 3차원적이며 포즈와 조명은 이미지의 상당한 변화를 유발하기 때문에 얼굴 인식은 시각적인 문자 인식보다 더 어렵다는 점이다. 또한 얼굴의 특정 부분이 가려져 있을 수도 있다. 안경이 눈과 눈썹을 가리고 있을 수도 있고, 수염이 턱을 덮고 있을 수도 있다.

문자 인식과 마찬가지로, 얼굴 이미지에 영향을 미치는 요인을 두 가지 정도 생각해 볼 수 있는데, 정체성을 정의하는 특징들과 다른 하나는 정체성에는 영향을 미치지 않지만 헤어스타일이나 표정(주로 무표정, 미소, 분노 등)과 같이 외형에 영향을 미치는 특징들이 있다. 이러한 외형 특징은 조명이나 포즈와 같이 얼굴 이미지에 영향을 미치는 숨겨진 요인들로부터 영향을 받을 수도 있다. 만약 우리가 그 정체에 관심이 있다면 우리는 첫 번째 유형의 특성만을 사용하고, 두 번째 유형에서는 특성의 불변성을 학습하고 싶어 할 것이다.

그러나 우리는 다른 작업을 위해 두 번째 유형에 관심을 가질 수도 있다. 얼굴 표정을 인식하는 것은 그 사람의 정체와는 반대로 기분이나 감정을 인식할 수 있게 된다는 이야기다. 예를 들면, 회의를 모니터링할 때 참가자들의 기분을 파악할 수 있을 것이다. 마찬가지로, 온라인 교육에서 학생이 혼란을 겪거나 어떤 불편함을 가지고 있는지 이해하여 자료를 제시하는 속도를 조절할 수 있다. 급속한 인기를 얻고 있는 감성 컴퓨팅affective computing, 기기가 상황에 적합한 개인화된 경험을 제공할 수 있도록 감정과 기분을 분석 및 처리하여 반응할 수 있도록 하는 것-옮긴이의 목표는 사용자의 기분에 적응하는 컴퓨터 시스템을 만드는 것이다.

만약 목표가 사람들을 식별하거나 인증하는 것이라면 얼굴 이미지를 사용하는 것 말고도 더 많은 가능성이 존재한다. 생체 측정은 사람들의 생리적 혹은 행동 특성을 사용해 사람들을 인식하거나 인증하는 것이다. 얼굴 이외에도 생리학적 특성의 예시로는 지문, 홍채, 그리고 손바닥 등이 있다. 행동 특성의 예시로는 서명의 역동성, 목소리, 발걸음, 그리고 타자를 두드리는 방법 등이 있다. 더 정확한 결정을 위해 다른 양상으로부터의 인풋을 통합할 수 있다. 사진, 인쇄된 서명, 혹은 패스워드와 같은 일반적인 식별 말고도 많은 인풋이 있을 때 위조는 더욱 어려워지는 반면 시스템은 더욱 정확해진다.

음성 인식

Speech Recognition

음성 인식speech recognition에서 인풋은 마이크가 포착한 음향 신호이며 클래스는 말하는 단어다. 이번에 배워야 할 것은 음향 신호와 특정 언어의 단어 사이에 있다.

각 문자의 이미지가 다른 방향의 획과 같은 기본적인 요인들로 구성된 것처럼 단어는 기본적인 음성 소리인 음소로 이루어져 있다. 이러한 음소의 연속으로써 단어를 말한다. 음성의 경우에 인풋은 일시적이다. 단어는 이러한 음소의 연속으로써 발음되며 어떤 단어는 다른 단어보다 더 길다.

사람들은 나이, 성별, 혹은 억양의 차이 때문에 같은 단어를 다르게 발음한다. 다시 말하자면, 우리는 각 단어가 소리와 관련된 요인과 화자와 관련된 요인으로 구성되었다고 생각할 수 있다. 음성 인식은 첫 번째 특성을 사용하며, 화자 인증은 두 번째 특성을 사용한다. 이러한 두 번째 특성(화자와 관련된 특성)은 인식하기 쉽지 않으며 인공적으로 형성하기 힘들다. 그렇기 때문에 음성 합성기가 아직도 "로봇처럼" 들리는 것이다.

생체 측정과 마찬가지로 연구자들은 다양한 근원을 혼합하는 것에 의존한다. 음향 정보 이외에도, 화자의 입술에 대한 비디오 이미지와 말하는 동안의 입 모양을 사용할 수 있을 것이다.

자연어 처리 및 번역

Natural Language Processing and Translation

음성 인식의 경우, 시각 문자 인식과 같이 언어 모델language model의 통합은 맥락적인 정보를 고려하여 유의한 도움을 준다. 컴퓨터 언어학을 다루는 프로그램 규칙에 대한 수 년 동안의 연구에 따르면 언어 모델(언어의 어휘적, 통사론적, 의미적 규칙을 정의하는 것)을 구상하는 최고의 방식은 큰 말뭉치의 예시 데이터로부터 학습을 하는 것이다. 자연어 처리natural language processing에 대한 머신러닝의 응용은 지속적으로 증가하고 있다. 허쉬버그와 매닝Hirschberg & Manning, 2015의 최근 조사를 참조하도록 하자.

초기의 응용 방법 중 쉬운 것 한 가지를 소개하자면 그것은 스팸 필터링spam filtering이다. 여기서 한 쪽에서는 스팸을 생성하고 다른 쪽에서는 필터링을 하여 서로를 능가할 방법을 탐구하고 있다. 이것은 스팸과 실제 이메일이라는 두 클래스 사이의 분류 문제다. 유사한 응용이 문서 분류document categorization인데, 여기서 우리는 예술, 문화, 정치와 같은 카테고리에 따라 문서를 분류하고자 한다.

얼굴은 이미지이고, 말로 한 문장은 음향 신호지만, 글은 무엇인가? 글은 문자의 연속이지만, 문자는 알파벳으로 정의되며 언어와 알파벳 사이의 관계는 직선적이지 않다. 인간 언어는 매우 복잡한 정보 형태이며 다른 층위의 어휘적, 통사적, 의미적 규칙을 유머와 비꼬기와 같은 미묘함과 혼합한다. 단일의 문장은 절대 그 혼자로써 의미를 갖지 않으며 혼자 해석되지 말아야 하고, 대화나 일반적인 맥락의 일부여야 한다.

텍스트를 표현하는 가장 인기 있는 기법은 단어 가방Bag of Words, BoW이다(이 개념은 '백 오브 워즈'라는 영문 발음으로 더 많이 불리고 있지만 여기서는 우리말로 표기하였다-옮긴이). 큰 어휘 목록을 미리 정의하고 문서 내에서 나타나는 단어들의 목록을 사용해 문서를 표현하는 기법이다. 우리가 선택한 단어와 문서 중에서 무엇이 나타나고 무엇이 나타나지 않는지를 나타낼 수 있다. 우리는 글 속에서 단어의 위치를 잃는데, 이는 응용 프로그램이 무엇이냐에 따라 좋을 수도 있고 나쁠 수도 있다. 어휘를 선택할 때 우리는 작업을 나타내는 단어를 선택한다. 예를 들어, 스팸 필터링에서 "기회"와 "제공하다"와 같은 단어로 구별할 수 있을 것이다. 이것은 접미사(예컨대, "-ing"와 "-ed"와 같은 것들)이 제거되고 정보를 내포하지 않는 단어(예를 들면, "the"와 "of")가 무시되는 사전 처리 과정이다.

최근에 소셜 미디어의 메시지를 분석하는 것은 머신러닝의 중요한 응용 분야가 되었다. 블로그나 포스트(온라인에 게시된 콘텐츠의 개별 항목)를 분석해 인기 토픽을 추출하는 것이 중요해졌으며, 이것은 인쇄된 자료에서 자주 나타나기 시작한 새로운 단어 조합을 나타낸다. 또 다른 작업은 기분 인식으로써 고객이 제품(예를 들면, 정치인)을 긍정적으로 여기는지, 부정적으로 여기는지 파악하는 것이다. 이 목적을 위해 단어 가방Bag of Words의 표현을 사용하고, 그것들이 클래스 서술에 어떤 영향을 미치는지를 학습하여 두 클래스-제품을 좋아하는지, 싫어하는지-를 나타내는 어휘를 정의할 수 있다.

어쩌면 머신러닝의 가장 놀라운 응용은 기계 번역일 수 있겠다. 실제 손으로 코딩한 번역 규칙을 수십 년 연구하고 끝에 찾은 가장 유망한 접근법은 두 언어로 큰 표본을 제공해 학습 프로그램이 이를 서로에게 매핑하는 방식을 찾아내게 하는 것이다. 캐나다나 유럽 연합과 같이 두 개의 언어를 사용하는 국가에서는 같은 글이 두 개 이상의 언어로 번역된 것을 쉽게 볼 수 있다. 이러한 데이터는 번역을 위한 머신러닝에서 자주 사용한다.

4장에서는 자연어를 처리하기 위해 필요한 다른 층위의 추상성을 자동적으로 배우는 작업에 큰 가능성을 보이는 딥러닝deep learning에 대해 살펴볼 것이다.

다수의 모델 혼합하기

Combining Multiple Models

모든 응용 프로그램에서 다양한 학습 알고리즘을 사용할 수 있으며, 하나의 최고인 알고리즘을 선택하는 대신에 이들을 모두 시도해 이들의 예측을 혼합하는 접근법이 있을 수 있겠다. 이것은 훈련 과정에서의 임의성을 해소하고 더 나은 능률로 이어질 수 있다.

목표는 다양하게 서로를 보완하는 모델을 찾는 것이다. 이를 달성하는 하나의 방법은 다른 정보원을 살피게 하는 것이다. 우리는 얼굴, 지문 등의 다른 특성을 살피는 생체 측정과 음향적 음성 신호에 추가적으로 화자의 입술을 추적하는 음성 인식에서 이를 이미 관찰하였다.

최근 우리의 데이터는 대부분 멀티미디어이며, 다시점 모델multiview models은 여러 다른 감각으로부터 나오지만 서로를 보완하는 정보를 제공한다. 이미지를 검색할 때, 이미지 그 자체에 추가적으로 우리는 글에 대한 설명이나 태그 단어 목록을 사용할 수 있을 것이다. 두 정보원을 모두 사용하는 것은 더 나은 검색 능률로 이어진다. 스마트 워치나 스마트폰과 같은 스마트 기기에는 센서가 탑재되어 있으며 이들이 읽어 들인 정보를 활동 인식activity recognition과 같은 목적으로 혼합할 수 있다.

이상점 감지

Outlier Detection

이상점 감지는 머신러닝의 또 다른 응용 분야이다. 여기서의 목적은 일반적인 규칙에 부합하지 않는 인스턴스를 찾아내는 것이다. 이러한 이상점은 특정 맥락에서만 유익한 예외적인 정보다. 일반적인 인스턴스는 단순히 언급할 수 있는 특성들을 공유하며, 이러한 특성을 공유하지 않는 인스턴스들은 이례적인 것이다.

『안나 카레니나』에서 톨스토이는 "행복한 가정은 모두 엇비슷하고, 불행한 가정은 제각각의 이유로 불행하다."라고 말했다. 이것은 19세기 러시아의 가족들뿐만 아니라 다른 많은 분야들에도 해당되는 말이다.

예를 들어, 건강진단의 경우 건강한 사람들은 모두 비슷하지만, 건강이 나빠지는 데에는 여러 가지 다른 방식들이 있다고 할 수 있겠다. 그 방식들의 하나하나는 각각 다른 질병이다. 이러한 경우에 모델은 전형적인 인스턴스들을 다루고 일반적인 인스턴스에 포함되지 않는 인스턴스는 무엇이든 예외가 된다.

이상점은 표본에 있는 다른 인스턴스들과는 매우 다른 인스턴스다. 이상점은 시스템의 이상 행동을 나타낼 수 있다. 예를 들어, 신용카드 거래의 경우에는 사기를 나타낼 수 있고, 촬영의 경우 이상점은 종양과 같이 관심을 기울일 필요가 있는 부분을 나타낸다. 네트워크 트래픽의 경우에는 해커의 해킹 시도일 수 있겠다. 의료 시나리오의 경우에는 환자의 일반적인 행동에서 벗어난 행동을 나타낼 수 있다.

이상점은 또한 신뢰할 수 있는 통계를 얻기 위해 탐지해 버려야 하는 오류(예를 들면, 오작동 센서)를 나타낼 수도 있다. 이상점은 새로운, 이전에는 보이지 않았지만 타당한 인스턴스일 수 있는데, 여기서 관련된 용어인 이상 탐지novelty detection가 나온다. 예를 들어, 새로운 순이익을 낼 수 있는 고객이 회사가 뛰어들 수 있는 틈새시장을 나타낼 수 있다.

차원 축소

Dimensionality Reduction

그 어떤 응용에서도 우리가 정보를 포함하고 있는 것으로 믿는 관찰 데이터의 속성들은 인풋으로 처리되며 의사결정을 위해 사용된다. 그러나 이러한 특성은 사실상 정보를 제공하지 않아 버려질 수 있다. 예를 들어, 중고 차량의 색상은 그 가격에 유의한 영향을 미치지 않을 수 있다. 아니면 두 가지의 다른 속성이 관련이 있어서 근본적으로 같은 것을 의미하기에(예컨대, 차량의 생산연도와 주행거리 사이에는 높은 연관이 있다) 하나로 충분할 수도 있다.

우리는 다양한 이유로 별도의 전처리 단계에서 차원 감소dimensionality reduction하고자 한다.

첫째로, 대부분의 학습 알고리즘에서 모델의 복잡도와 훈련 알고리즘은 인풋 속성의 수에 의존한다. 여기서 복잡도에는 두 가지 유형이 있다. 첫 번째는 우리가 얼마나 많은 계산을 하는지에 대한 시간 복잡도time complexity(어떤 문제를 풀기 위한 특정 알고리즘에 대해 그로부터 수행되는 기본 연산의 수)이고, 두 번째는 얼마나 많은 메모리를 필요로 하는지를 나타내는 공간 복잡도space complexity(알고리즘이 어떤 문제를 해결하는데 필요한 공간의 양을 문제의 크기에 대한 함수로 표현한 것)이다. 인풋의 수를 감소시키는 것은 이 둘 모두를 감소시키지만, 얼마나 감소되는지는 특정 모델과 학습 알고리즘에 따른다.

둘째로, 인풋이 불필요한 것으로 간주될 때 우리는 이 인풋을 측정하는 비용을 절약할 수 있다. 예를 들어, 의료 진단에서 특정 검사가 사실상 필요하지 않다면 그 검사를 하지 않아 금전적인 비용과 환자의 불편함, 두 가지 모두를 줄일 수 있다.

셋째로, 더 단순한 모델들은 작은 데이터 집합에서 더 강력하다. 다시 말해, 그 모델들은 더 적은 데이터로 훈련하거나 같은 양의 데이터로 훈련할 때 더 적은 분산(불확실성)을 가진다.

넷째로, 데이터가 보다 적은 속성들로 설명될 수 있을 때는 해석하기가 더 쉬운 단순한 모델이 주어진다.

다섯째로, 데이터를 적은 수의 차원(예를 들면, 2차원)으로 표현할 수 있을 때, 그 데이터는 구조와 이상점에 대해 시각적으로 표시되고 분석될 수 있다. 이는 데이터로부터 지식 추출을 촉진시킨다. 하나의 플롯plot(점이나 그림을 그려 넣는 것)은 천 개의 점들만큼의 값을 하며, 그 데이터를 표시할 수 있는 좋은 방법을 찾을 수 있다면, 모델 일치(데이터 점들의 집합을 기술하기 위하여 모델의 인수들을 선택하는 것) 계산을 할 필요 없이, 우리의 시각피질은 나머지 일을 처리할 수 있을 것이다.

기본적으로, 차원 축소를 달성하는 방식에는 두 가지가 있다. 특징 선택feature selection 및 특징 추출이 그것이다. 특징 선택에서 우리는 중요한 특징은 유지하고 중요하지 않은 특징은 버린다. 기본적으로, 이것은 최대의 능률로 이어지는 인풋 속성의 집합 중에서 가장 작은 부분집합을 선택하는 과정이다. 특징 선택을 위해 가장 널리 사용되는 기법은 포장자wrapper 접근법으로, 여기서 우리는 더 이상 개선사항이 없을 때까지 반복적으로 특징을 추가한다. 각각의 부분집합으로 훈련되고 시험된 특징 선택 장치feature selector는 기본 분류기classifier 또는 회귀자regressor를 "둘러싸고" 있다.

특징 추출feature extraction에서 우리는 원 특성으로부터 계산되는 새로운 특징을 정의한다. 새롭게 계산되는 이러한 특징은 더 숫자가 적지만 원 특징의 정보를 보존한다. 이러한 몇 가지의 합성된 특징은 원래 속성보다도 데이터를 더 잘 설명하고, 종종 숨겨져 있거나 추상적인 개념으로 해석될 수 있다.

투영 기법projection method에서 각 새로운 특징은 원 특징의 선형적인 혼합이다. 그러한 기법 중 하나는 우리가 데이터의 최대 변동을 보존하는 새로운 특징을 찾는 주성분 분석principal component analysis이다. 만약 변동이 크다면, 데이터는 큰 폭을 가져 인스턴스 사이의 차이를 가장 분명하게 나타낸다. 하지만 변동이 작다면 우리는 데이터 인스턴스 사이의 차이를 잃는다. 다른 기법인 선형 판별 분석linear discriminant analysis은 클래스 사이의 분리를 최대화하는 새로운 특징을 찾고자 하는 지도된 특징 추출 형태다.

특징 선택을 사용해야 할지, 아니면 특징 추출을 사용해야 할지는 특징의 응용과 세밀함에 따른다. 만약 신용평가를 하는데 고객 연령, 소득, 직업과 같은 특징이 있다면 특징 선택은 의미가 있을 것이다. 각 특징에 대해 이것이 유용한 정보를 제공하는지 아닌지를 판별할 수 있다. 하지만 특징 예측은 의미가 없을 것이다. 연령, 소득, 그리고 직업의 선형 혼합(가중치 합)이 무엇을 뜻할 수 있단 말인가? 반면에, 얼굴 인식을 하는데 인풋이 픽셀이라면 특징 선택은 의미가 없는 선택일 수 있다. 개별적인 픽셀은 식별적인 정보를 포함하지 않고 있다. 특징 추출과 같이 얼굴을 정의하는 픽셀 조합을 살피는 것이 더 의미 있을 것이다.

비선형 차원 축소 기법은 선형 결합linear combination을 넘어서 더 나은 특징들을 발견할 수 있다. 이것은 머신러닝에서 가장 뜨거운 주제 중 하나다. 이상적인 특징 집합은 적은 수로 데이터 집합의 정보(주로 분류나 회귀계수)를 나타내는 인코딩 과정이다. 이는 또한 추상화 과정으로 여겨지기도 한다. 그러한 새로운 특징들은, 더욱 축약된 방식으로 데이터를 표현하는 더 높은 계층의 특징들에 상응할 수 있기 때문이다. 4장에서는 이처럼 인공 신경망에서 학습되는 비선형적 특징 추출의 유형을 다루는 오토인코더 네트워크와 딥러닝에 대해 논할 것이다.

의사결정 트리

Decision Tree

이전에 우리는 '만약-그렇다면' 규칙과 그러한 규칙을 학습하기 위한 한 가지 방법으로 의사결정 트리를 이용한다는 것에 대해 논했다. 의사결정 트리는 머신러닝에서 가장 오래된 기법 중 하나로 훈련과 예측에 있어서 간단하고, 많은 영역에서 정확하다. 트리는 카이사르가 가울 지역을 통치하는 것과 같은 복잡한 작업을 더 단순하고 국지적인 작업으로 나눈 이후로 유명해진 "나누고 통치하기"라는 전략을 사용한다. 같은 이유로, 트리는 주로 다양한 응용 프로그램에서 복잡성을 감소시키기 위해 컴퓨터 과학 분야에서 사용된다.

그리고 앞서 우리는 비매개변수nonparametric 추정에 대해서도 이야기했다. 그 내용의 주된 요점은 새로운 질의query와 가장 유사한 근접 훈련 예시의 부분집합을 찾는 것이다. 우리는 K-최근접 이웃 알고리즘에서 모든 훈련 데이터를 메모리에 저장함으로써 이를 수행하였다. 새로운 시험 질의와 모든 훈련 인스턴스 사이의 유사성을 하나씩 계산해 가장 유사한 k를 선택하였다. 이것은 훈련 데이터가 클 경우에는 복잡한 계산이며, 데이터가 크다면 사용하지 못할 수도 있는 방법이다.

의사결정 트리는 다른 인풋 속성에 대한 시험을 통해 가장 유사한 훈련 인스턴스를 찾는다. 트리는 결정 노드decision nodes와 잎들로 구성되어 있다. 뿌리로부터 시작해 각 결정 노드는 인풋에 분할 시험을 적용하며, 결과에 따라 가지 중 하나를 취한다. 잎에 도달하면 검색은 중단되며 가장 유사한 훈련 인스턴스를 찾은 것으로 간주하고 여기에서 덧붙인다(그림 3.2 참조).

뿌리에서 잎까지 이어지는 각각의 경로는 해당 경로의 결정 노드에 있는 시험 조건들의 결합과 일치하고, 그러한 경로는 '만약-그렇다면' 규칙으로 작성될 수 있다. 이것이 의사결정 트리의 장점 중 하나다. 트리(나무 구조)는 '만약-그렇다면'의 규칙 베이스로 변환될 수 있으며 그러한 규칙은 쉽게 해석될 수 있다. 트리는 가장 높은 "순수성"을 가지는 지역의 범위를 정하기 위해 분할되어 있는 주어진 훈련 데이터로 학습된다. 그러한 점에서 각 지역은 아웃풋에 대한 유사한 인스턴스들을 포함한다.

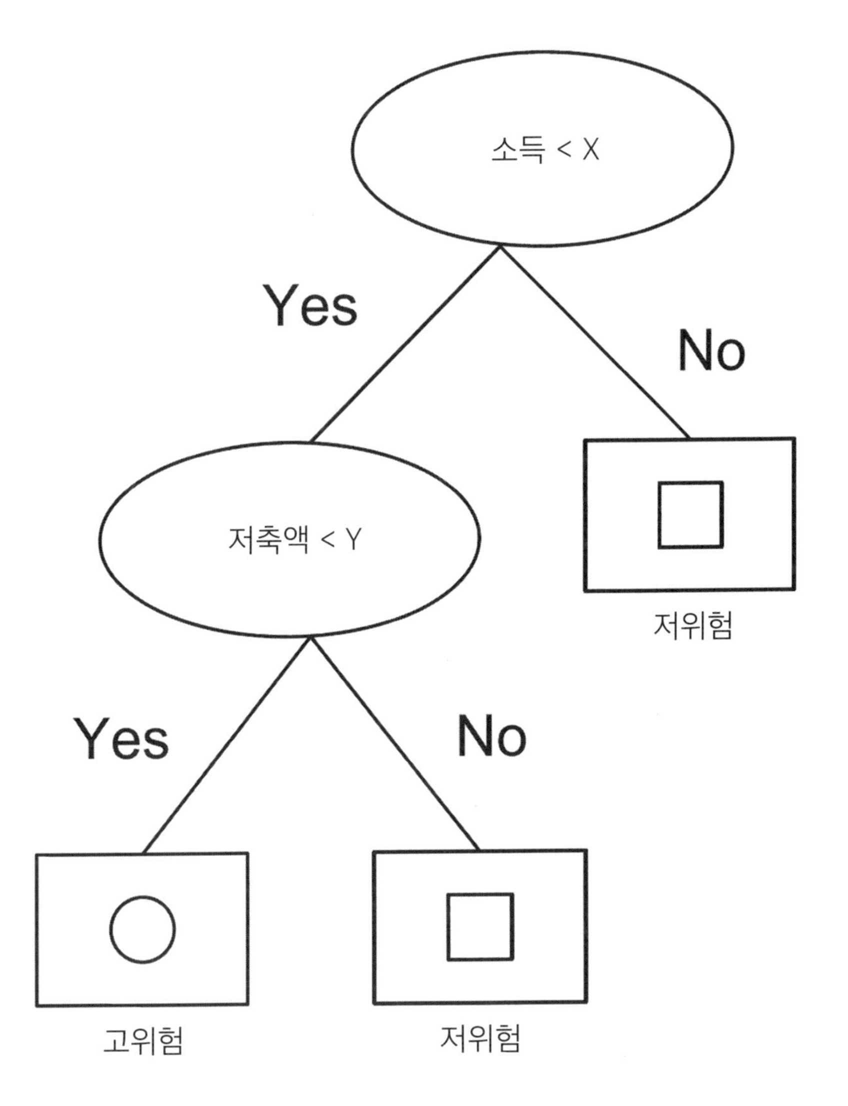

[그림 3.2] 저위험 및 고위험 고객을 분리하는 의사결정 트리. 이 트리는 그림 2.2에 등장하는 판별식을 수행한다.

의사결정 트리는 비모수(모수의 분포 형태에 의존하지 않고 서열적 수준의 데이터 분석 방법-옮긴이)이다. 트리는 필요한 만큼 성장하고 그 크기는 데이터의 기초가 되는 문제의 복잡도에 달려 있다. 단순한 작업을 다루는 트리는 작으며, 어려운 작업을 다루는 트리는 더 커질 수 있다.

결정 노드에서 사용된 분할 시험과 잎에서의 덧붙임에 따라 다른 의사결정 트리와 학습 알고리즘이 생긴다. 요즘 인기를 끄는 하나의 접근법은 랜덤 포레스트random forest인데, 여기서는 많은 트리를 훈련 데이터의 임의적인 부분집합으로 훈련시켜 그 예측에 대한 투표를 한다(이를 통해 더 원활한 추정을 하는 것이다).

트리는 다양한 머신러닝 응용에서 성공적으로 사용된다. 의사결정 트리는 선형 모델과 함께 더 복잡한 학습 알고리즘을 시도하기 전의 기본적인 벤치마크 기법으로 여겨질 것이다.

학습[learning]에서는 학습자가 자신이 무엇을 아는지, 그리고 무엇을 모르는지를 인지하는 것이 중요하다. 훈련된 모델이 예측을 할 때, 그 예측에 더하여 확실성까지 나타낼 수 있다면 더욱 유용할 것이다. 이전에 논의했던 바와 같이, 이는 더 작은 구간이 더 적은 정도의 불확실성을 나타내는 신뢰구간의 형식에 들어갈 수 있는 것이다.

일반적으로 더 많은 데이터는 더 많은 정보를 의미하고, 그렇기 때문에 더 많은 양의 데이터는 불확실성을 감소시키는 경향이 있다. 하지만 데이터 포인트[data points]는 동일하게 만들어지지 않았으므로, 만약 훈련된 모델이 불확실성이 큰 곳이 어디인지 안다면 그 모델은 지도자에게 그 안에 예시를 넣을 것을 능동적으로 요청할 수 있다. 이것을 능동 학습active learning이라고 한다. 그 모델은 새로운 인풋들을 종합하고 이를 분류할 것을 요청함으로써 질문을 발생시킨다. 이는 강의 중에 질문을 하는 학생과 유사하다.

예를 들어, 인공지능의 매우 초기 단계에서 가장 많은 정보를 제공하는 예시는 클래스 경계의 현재 추정과 가장 가까운 곳에 있는 것으로 알려졌다. 부정적 근접은 긍정적인 예시와 아주 유사한 것처럼 보이지만 실제로는 부정적인 예시인 인스턴스다.

머신러닝에서 그와 관련된 연구 영역을 계산학습이론computational learning theory이라고 부르는데, 여기서는 특정 학습 작업과는 별도로 일반적으로 적용되는 알고리즘을 학습하기 위한 이론적 경계를 찾는다. 예를 들어, 주어진 모델과 학습 알고리즘에 대해 우리는 충분히 높은 확률의 특정 오류를 보장하는 훈련 인스턴스에 대한 최소한의 수를 알고 싶을 것이다. 이것은 '확률적으로 대략 정확한 학습 러닝probably approximately correct learning(PAC)'이라고 불린다.

순위 매기기 학습

Learning to Rank

랭킹(순위 매기기)은 회귀나 분류와는 다른 머신러닝의 응용 영역으로 회귀와 분류 사이의 어딘가에 위치한 것으로 보인다. 분류와 회귀에서는 각각의 인스턴스에 대하여 아웃풋을 위한 이상적인 절대치를 가지고 있다. 랭킹에서는 쌍pair을 이루는 인스턴스를 훈련하고 그 둘을 올바른 순서로 나열한 아웃풋을 구하고자 한다.

영화를 추천하기 위한 추천 모델을 학습하고 싶다고 가정해보자. 이 작업을 위한 인풋은 영화의 속성과 고객의 속성으로 이루어져 있다. 아웃풋은 절대치 점수로 특정 고객이 특정 영화를 얼마나 즐길 것 같은지에 대한 척도다. 이러한 모델을 훈련하기 위해 우리는 과거의 고객 평가를 사용한다. 만약 고객이 과거에 A라는 영화를 B라는 영화보다 더 좋아했다는 것을 안다면, 이러한 고객을 위해 정말로 A의 예상 점수가 B의 예상 점수보다 더 높은 값을 가지도록 훈련을 한다. 나중에 우리가 그 모델을 사용해 가장 높은 점수에 근거해 추천을 할 때, 우리는 고객들이 B보다 A와 더 유사한 영화를 선택할 것을 기대한다.

중고차의 가격처럼 점수에 대해 필수적인 수치 값은 없다. 점수는 순위가 정확하다면 어떤 범위에든 들어갈 수 있다. 훈련 데이터는 절대치로 주어지는 것이 아니라 순위의 제한에 따라 주어진다.

여기서 우리는 분류기classifier나 회귀계수보다 랭커ranker의 장점과 차이에 주목할 수 있다. 만약 사용자들이 재미있게 본 영화와 재미있게 보지 못한 영화를 평가한다면, 이것은 두 개의 층위로 이루어진 분류 문제가 될 것이며, 분류기가 사용될 수도 있다. 하지만 취향은 미묘한 것이며 두 부분으로 이루어지는 평가를 얻기는 어려울 것이다. 다른 한편으로는 사람들이 각 영화에 대한 그들의 즐거움을 1에서 10까지의 수치로 매겨서 평가한다면 이것은 회귀의 문제가 될 것이다. 하지만 그러한 값은 할당하기가 어렵다. 사람들에게는 두 편의 영화 중 어느 것이 더 재미있었는지를 말하는 것이 더 자연스럽고 쉽다. 이와 같이 랭커가 모두 두 개의 짝으로 훈련을 받은 후에는 모든 제한을 만족시키는 절대치 점수를 생성할 것으로 예상된다.

순위는 많은 응용이 가능하다. 가령 검색 엔진에서는 질의가 주어졌을 때 가장 관련이 높은 문서를 검색하고 싶을 것이다. 현재의 상위 10개 후보들을 검색해 표시하였는데, 사용자가 세 번째 결과를 클릭하고 첫 두 개의 결과는 건너뛰어 버린다면 우리는 세 번째 결과가 첫 번째나 두 번째 결과보다 더 높은 순위를 가져야 했다는 것을 이해할 수 있다. 그러한 클릭 로그들은 랭커를 훈련시키기 위해 사용된다.

베이지안 방법론

Bayesian Methods

특정 응용과 특정 모델에서 우리는 매개변수의 가능한 값들에 대해 어떤 편견을 가질 수 있다. 동전을 던질 때 그 동전이 공평해야 한다고 기대할 수 있고, 공평한 동전에 가깝다고 생각할 것이다. 그러므로 우리는 앞면이 나올 확률이 ½일 것이라고 기대한다. 차량의 가격을 예측할 때는 주행거리가 가격에 부정적인 효과를 가질 것이라고 기대한다. 베이지안 방법론Bayesian methods은 우리가 그러한 믿음을 매개변수를 추정하는 것에 반영할 수 있게 한다.

베이지안 예측Bayesian estimation의 요점은 데이터와 함께 사전 지식을 사용해 매개변수에 대한 사후 분포를 계산하는 것이다. 베이지안 접근법Bayesian approach은 데이터의 집합이 작을 때 특히나 유용한 기법이다. 각 매개변수 값이 어떨지 알 수 있다는 점은 사후 분포의 장점 중 하나다. 그러므로 가장 확률이 높은 특정 매개변수를 선택할 수 있을 뿐만 아니라 매개변수의 모든 값이나 확률이 높은 것들 중 몇 개의 평균(최대 사후확률maximum a posteriori, MAP을 구해 매개변수를 예측하는 불확실성의 평균값을 측정할 수 있다.

베이지안 접근법은 유연하고 흥미롭지만, 제한적인 전제의 단순한 시나리오를 제외하고는 필요한 계산이 너무 복잡하다는 단점이 있다. 우리가 쉽게 다룰 수 있는 실제 사후 분포 대신에 사용할 수 있는 분포와 가장 유사한 것을 다룰 수도 있다. 그 다른 방법은 분포 자체를 사용하기보다 그 분포로부터 대표적인 인스턴스를 생성해 이를 기반으로 추론을 하는 것이다. 이와 관련해 인기가 많은 기법은 전자의 경우에는 변분 근사variational approximation이고, 후자의 경우에는 마르코프 연쇄 몬테카를로Markov chain Monte Carlo(MCMC) 표본 추출로, 이 방법들이 현재 머신러닝에서 가장 중요한 연구 방향이다.

베이지안 접근법은 훈련에 대한 이전의 믿음을 구체화시켜준다. 예를 들어, 근본적인 문제가 원활하다는 이전의 믿음이 있다면, 그것은 우리가 단순한 모델을 선호하게 만들 것이다. 규칙화 과정에서는 복합도를 지양하며, 훈련 중에는 데이터의 적합성을 최대화하고, 모델의 복잡도를 최소화하고자 한다. 모델을 불필요하게 복잡하게 만들고 그 아웃풋을 크게 변동하게 하는 매개변수를 없앤다. 이것은 매개변수의 조정뿐만 아니라 모델 구조의 변화를 포함하는 학습 체계를 의미한다. 아니면 다른 방향으로 진행해서 데이터에 비해 모델이 너무 단순할 때 복잡도를 추가할 수 있을 것이다.

베이지안 추정에서 이러한 비매개변수 접근법을 사용하는 것은 특히나 흥미롭다. 왜냐하면 더 이상 어떤 매개변수 모델 클래스에 의해 국한되지는 않지만 그 모델의 복잡도가 데이터에 있는 작업의 복잡성에 부합하게끔 역동적으로 변화하기 때문이다. 이것은 "무한한 크기"의 모델을 의미하는데, 그 이유는 모델이 우리가 원하는 만큼 복잡해질 수 있기 때문이다. 모델은 학습할 때 성장한다.

베이지안 접근법은 훈련에 대한 이전의 믿음을 구체화시켜준다. 예를 들어, 근본적인 문제가 원활하다는 이전의 믿음이 있다면, 그것은 우리가 단순한 모델을 선호하게 만들 것이다. 규칙화 과정에서는 복합도를 지양하며, 훈련 중에는 데이터의 적합성을 최대화하고, 모델의 복잡도를 최소화하고자 한다.

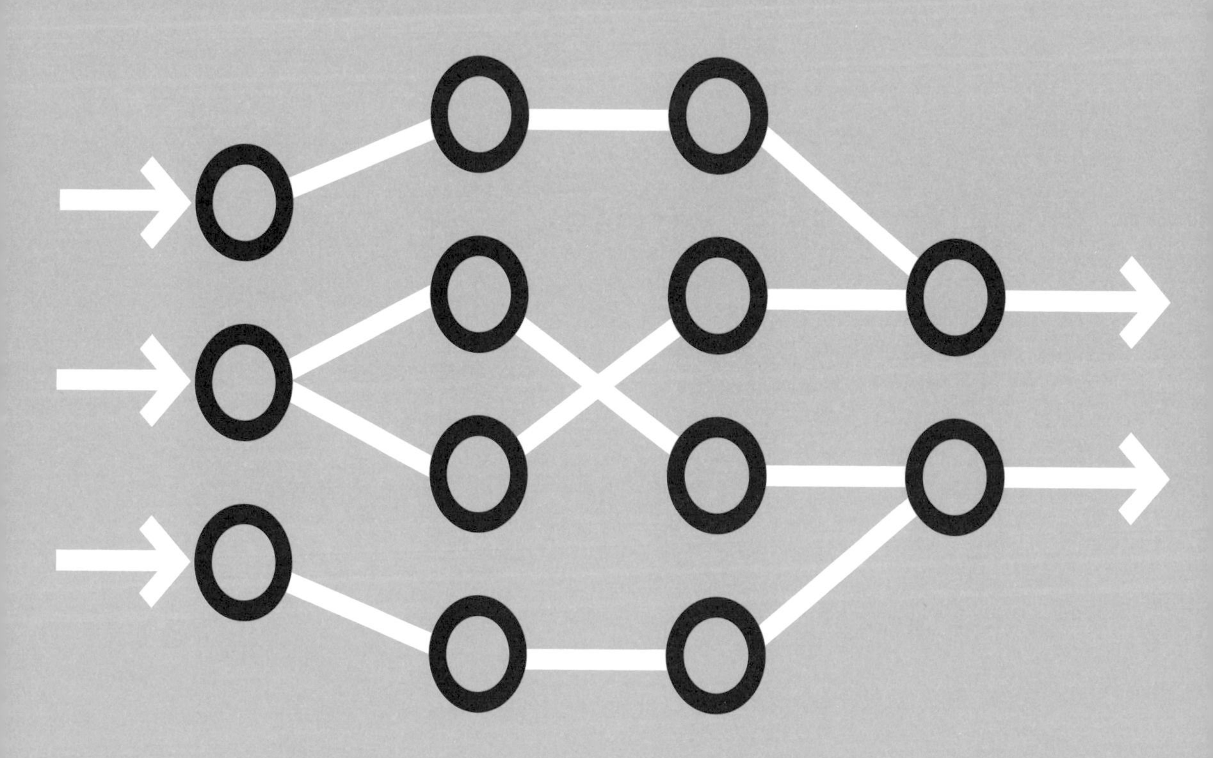

신경망과 딥러닝

인공 신경망

Artificial Neural Network

인간의 뇌는 인간을 지적인 존재로 만든다. 인간은 뇌의 기능 덕분에 보거나 들을 수 있고, 학습하고 기억할 수 있으며, 계획하고 행동할 수 있다. 그래서 그러한 능력을 갖기 위해 머신을 만들고자 하는 것이며, 인간의 즉각적 영감의 원천은 인간의 두뇌로부터 나오는 것이다. 하늘을 날아다니기 위한 인간의 초기 시도에서 새가 영감의 원천이 되었던 것처럼 말이다. 우리는 뇌가 작동하는 방식을 살펴보고 뇌가 어떤 기능을 하는지, 그리고 그 기능을 어떻게 하는지에 대해 이해하고자 한다. 하지만 특정한 시행 세부사항들과는 별도의 설명 기능을 가지기를 원한다. 1장에서 분석의 층위에 대해 논할 때 이 과정을 계산 이론computational theory이라고 불렀다. 만약 이러한 추상적, 수학적, 계산적 기술description을 각각 추출해낼 수 있다면, 나중에 실리콘이나 전기와 같이 엔지니어가 마음대로 사용할 수 있는 것들로도 이를 수행할 수 있다.

비행 기계를 만들기 위한 초기의 시도들은 우리가 공기역학의 이론을 이해하기 전까지는 모두 실패로 끝났다. 공기역학을 이해하고 나서야 비행기를 만들 수 있었다. 오늘날에는 새와 비행기를 아예 비행 방식이 다른 두 물체로 인식한다. 비행기는 비행기라고 불리지 '인공적 새'라고는 불리지 않으며, 비행기는 새보다 더 많은 것들을 할 수 있다. 비행기는 더 먼 거리를 날아다니고 승객이나 짐을 싣고 다닐 수도 있다. 여기서 요점을 우리가 인공지능에 대해서도 무언가를 성취하고자 할 때에도 적용할 수 있으며, 우리는 뇌로부터 영감을 얻음으로써 그 일에 착수할 수 있다.

인간의 뇌는 '뉴런neuron'이라고 불리는 매우 많은 수의 처리 단위로 이루어져 있으며, 각각의 뉴런은 '시냅스synapse'라고 불리는 연결점을 통해 다른 수많은 뉴런들과 연결되어 있다. 뉴런은 평행적으로 작용하며 시냅스를 통해 서로에게 정보를 전달한다. 뉴런에 의하여 처리가 이루어지며 뉴런이 연결되어 서로에게 영향을 미치는 것에 대한 기억은 시냅스에 저장되는 것이라고 생각할 수 있다.

뉴런의 아웃풋이 0이나 1이 되는 아날로그 방식의 컴퓨터 사용에 대한 모델로서의 신경망에 대해 연구하는 것은 디지털 컴퓨터의 사용에 대한 연구만큼이나 오랜 역사를 갖고 있지만 디지털 컴퓨터의 빠른 성공과 대중화로 인해 오랜 시간 눈에 띄지 않게 되어 버렸다.

1960년대에는 퍼셉트론perceptron 모델이 패턴 인식을 위한 모델로써 제시되었다. 이 모델은 인공 뉴런과 시냅스 연결로 구성된 네트워크이며 여기서 각 뉴런은 활성화 값을 가진다. 그리고 뉴런 A에서 뉴런 B로의 연결은 B에 대한 A의 효과를 정의하는 가중치를 가진다. 만약 특정 시냅스가 흥분성(뉴런 사이의 시냅스에서 이전 단위의 흥분이 다음 단위의 흥분을 일으키거나 강화하는 관계-옮긴이)이라면, A가 활성화될 때 A는 B 역시 활성화시키려 한다. 그 특정 시냅스가 억제성(이전의 시냅스의 흥분이 다음 시냅스의 흥분성에 대해 억제적으로 작용하는 것-옮긴이) 이라면 A가 활성화될 때 A는 B까지 억제하려 할 것이다.

작동 중에 각 뉴런은 함께 시냅스를 구성하는 모든 뉴런들로부터의 활성화를 합하며, 이는 시냅스의 가중치에 따라 가중치가 주어진다. 총 활성화 값이 그 역치(자극에 대해 어떤 반응을 일으키는 데 필요한 최소한의 자극-옮긴이)보다 더 크다면 뉴런은 "발사"를 시키고 그 아웃풋은 이 활성화의 값과 일치한다. 그렇지 않으면 그 뉴런은 침묵하게 된다. 만약 뉴런이 발사를 한다면, 이는 함께 시냅스를 구성하는 모든 뉴런으로 차례차례 활성화 값을 보낸다(그림 4.1 참조).

퍼셉트론은 근본적으로 어떤 결정을 내리기 전에 가중치의 합을 계산하는데, 이것은 우리가 일전에 논했던 선형 모델의 변종을 수행하는 하나의 방식으로 비추어질 수도 있겠다. 한 층위에 있는 모든 뉴런이 이전 층위에 있는 모든 뉴런으로부터 인풋을 취하여 그 값들을 평행하게 계산하고, 그렇게 나온 값은 다음에 오는 층위에 있는 모든 뉴런으로 보내진다. 그러한 층위들로 조직되는 뉴런을 다층 퍼셉트론multilayer perceptron이라고 부른다.

뉴런의 일부로 감각 뉴런이 있으며, 이 뉴런은 값을 환경으로부터 취한다(예컨대, 감지된 이미지로부터). 이것은 망막의 수용기와 유사하다. 감각 뉴런은 네트워크에 활성화를 전파하여 연속적인 층위에서 처리를 하는 다른 뉴런으로 전달된다. 마지막으로, 최종 결정을 내려 발동자actuator를 통해 행동을 수행하는 아웃풋 뉴런이 있다. 이 뉴런은 팔을 움직이게 한다던가, 말을 하게 한다던가 하는 행동을 수행하게 한다.

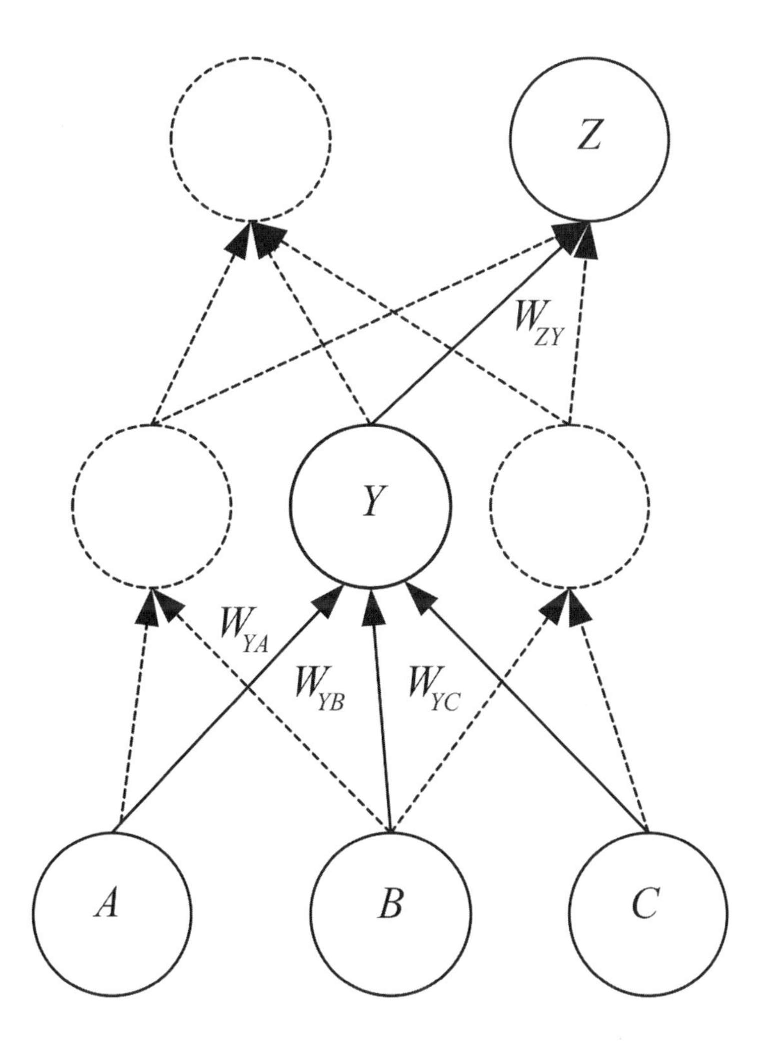

[그림 4.1] 뉴런과 그 사이의 시냅스 연결로 구성된 뉴런 네트워크의 예시. 뉴런 Y가 뉴런 A, B, C로부터 인풋을 취한다. A에서 Y까지의 연결은 Y에 대한 A의 효과를 결정하는 WYA의 가중치를 가진다. Y는 인풋의 효과를 그 연결 가중치로 가중하여 합해 총 활성화를 계산한다. 만약 이 값이 충분히 크다면 Y가 작동해 그 값을 Wzy 가중으로 연결된 그 이후 뉴런(이것은 뉴런 Z일 수 있다)에 보낸다.

신경망 학습 알고리즘

Neural Network Learning Algorithms

신경망에서 학습 알고리즘은 뉴런 사이의 가중치를 조정한다. 초기 알고리즘은 헵hebb, 1949이 제시한 것으로, 이는 '헵의 학습 법칙Hebbian learning rule'이라고 불린다. 두 뉴런 사이의 가중치는 두 뉴런이 동시에 활성화되면 시행된다. 시냅스 가중치는 두 뉴런 사이의 관계를 효과적으로 학습한다.

시야visual field에 원이 있는지를 확인하는 뉴런과 시야에 '6'이라는 숫자가 있는지 확인하는 또 다른 뉴런이 있다고 가정해보자. 우리는 6을 볼 때마다 혹은 읽는 법을 막 배우며 이것이 6이라는 것을 들을 때마다 동시에 원도 보게 되므로 이들 사이의 연결 관계는 강화된다. 하지만 원을 인지하는 뉴런과 숫자 '7'을 인지하는 뉴런의 사이의 연결은 강화되지 않는다. 둘 중 어느 것을 보더라도 거기서 다른 하나를 찾아 볼 수 없기 때문이다. 그러므로 우리가 시계에서 원을 볼 때마다 이것은 숫자 6에 대한 뉴런의 활성화를 증가시킬 것이지만, 숫자 7에 대한 뉴런의 활성화를 감소시켜 6을 7보다 더 확률이 높은 가설로 치부할 것이다.

일부 응용 프로그램에서 네트워크 내의 특정 뉴런은 인풋 단위로 명시되고 그것들 중 특정한 일부는 아웃풋 단위로 명시된다. 지도자supervisor에 의해 명시된 바와 같이 인풋의 표본과 그와 일치하는 올바른 아웃풋 값을 가지는 훈련 집합이 있다. 예를 들어, 중고차의 가격을 예측하면서, 우리는 차량의 속성을 인풋으로 사용하고 그 가격을 아웃풋으로 사용한다. 지도 받은 러닝의 경우 이 인풋 단위를 학습 집합의 인풋 값으로 연결하고, 가중치와 네트워크 구조에 따라 활동이 네트워크 내에서 전파되게 하며 아웃풋 단위에서 계산된 값을 살핀다.

오차함수error function는 네트워크가 인풋에 대한 추정과 훈련 집합에서 지도자에 의해 명시된 필수 값들 사이의 차이를 합한 것으로 정의된다. 그리고 신경망에서는 각각의 훈련 예시에 대하여 연결 가중치를 약간 업데이트하여 그 인스턴스에 대한 오차를 감소시키고자 한다. 오차를 감소시키는 것은, 다음 번에 같거나 유사한 인풋을 볼 때 예측된 아웃풋이 올바른 값과 더 가까울 것을 의미한다. 이론적으로 말하면, 여기 있는 모델이 뉴런과 연결부의 신경망으로써 수행되었다는 점을 제외하고는 그저 우리가 2장에서 논했던 옛날식 회귀에 지나지 않는다.

이것은 신경망 학습 알고리즘의 중요한 특징 중 하나다. 즉, 훈련 인스턴스들을 순차적으로 살피면서 연결 가중치에 대해 작은 업데이트를 함으로써 그 알고리즘들이 온라인으로 학습할 수 있다는 것이다. 그러나 배치 러닝batch learning에서는 완전한 데이터 집합이 주어지며 전체 데이터를 통해 한꺼번에 훈련을 한다. 각 업데이트마다 인스턴스의 작은 집합들을 사용하는 미니 배치mini batch가 요새 인기를 있는 끌고 있는 접근법이다.

오늘날에는 데이터 집합이 점점 더 커지면서 전체 데이터의 수집과 저장을 필요로 하지 않으므로 온라인 학습이 더 매력적이다. 단지 스트리밍 데이터 시나리오에서 하나의 예시나 몇 가지의 예시를 한 번에 사용하여 학습할 수 있는 것이다. 게다가 만약 데이터의 근본적 특성이 천천히 변화한다면 온라인 학습은 멈추어 새로운 데이터를 수집하고 다시 훈련할 필요 없이 매끈하게 적응할 수 있다.

퍼셉트론이 할 수 있는 것과 할 수 없는 것

What a Perceptron Can and Cannot Do

비록 퍼셉트론이 수많은 작업에서 성공적이었지만 (선형 모델이 수많은 영역에서 꽤나 잘 작동했음을 기억하자) 퍼셉트론에 의해 수행될 수 없는 특정 작업도 존재한다는 사실을 기억하도록 하자. 이러한 작업들 중 가장 유명한 예제가 바로 배타적 논리합exclusive OR, XOR 문제다.

논리 연산에는 포함적 논리합inclusive OR과 배타적 논리합exclusive OR, 두 가지 유형이 존재한다. 일상 언어에서 "공항에 가기 위해 버스나 기차를 탈거야To go to the airport, I will take the bus or the train."라고 말한다면 우리는 배타적 논리합을 사용하고 있는 것이다. 두 가지 경우 중에서 하나의 경우만 참으로 성립할 것이다. 포함적 논리합을 사용하기 위해 우리는

"and/or"를 사용한다. 예컨대, "이번 가을에는 수학 혹은/그리고 물리학을 수강할 거야This fall, I will take Math 101 and/or Phys 101"라고 하는 것일 수 있겠다. 즉, 수학이나 물리 혹은 그 두 가지 모두를 수강할 것이라는 말이다.

퍼셉트론은 포괄적인 OR을 적용할 수 있지만, 배타적인 OR는 적용할 수 없다. 이 이유를 이해하는 것은 어렵지 않다. 예를 들어, 버스나 기차의 두 가지 선택지가 있을 때 둘 중 하나를 택하는 것으로 충분하다면 각 선택지에 한계치보다 더 큰 가중치를 주어 둘 중 하나라도 참일 경우에 뉴런을 작동하게 해야 한다. 하지만 둘 다 참일 때 전체적인 활성화는 두 배나 더 높을 것이며 한계치보다 작을 수 없다.

그 당시에 XOR과 같은 작업이 다층 퍼셉트론으로 적용될 수 있음이 알려졌지만, 그러한 네트워크를 어떻게 훈련할 수 있는지는 알려지지 않았다. 퍼셉트론이 몇 개 남짓의 (디지털) 논리 게이트로 쉽게 적용할 수 있는 XOR과 같이 직관적인 작업을 적용할 수 없다는 것은 연구자들을 실망시켰다. 그 결과 신경망 네트워크는 세계의 몇 곳을 제외하고는 오랫동안 버림받았다. 1980년대 중반에야 역전파 알고리즘(이 아이디어는 1960년대와 1970년대부터 존재했지만 그리 큰 관심을 받지 못하였다)이 다층 퍼셉트론을 훈련할 방법으로써 제시되어 퍼셉트론에 대한 관심이 되살아났다Rumelhart, Hinton & Williams, 1986.

모든 인공 신경망이 피드포워드feedforward, 실행 전 계산으로 결함을 예측하고 그 정보에 기준하여 피드백 과정에서 제어를 행하는 방식-옮긴이인 것은 아니다. 각 층 사이의 연결 외에도 추가적으로 뉴런이 같은 층 내의 뉴런과 연결되어 있거나(자기 자신 포함), 심지어 그 이전 층의 뉴런과 연결된 반복적인 네트워크가 있다. 각 시냅스는 특정 지연을 유발하므로 반복적인 연결을 통한 뉴런 활성화는 맥락적인 정보에 대한 단기적인 기억장치의 역할을 하고, 네트워크가 그 과거를 기억할 수 있게 한다.

뉴런 A가 뉴런 X에 연결되어 있고, X에서 자신으로의 반복적인 연결이 있다고 하자. 그러므로 t 시점에서 X의 값은 t 시점의 인풋 A에 따를 것이고, t-1 시점의 X의 값에 따를 것이다. 왜냐하면 X가 자기 자신으로 반복적인 연결을 했기 때문이다. 다음 시간 단계time step에서, t+1의 X는 t+1의 시점의 인풋 A와 t 시점의 X에 의존할 것이다(이 값은 시점 t의 A와 시점 t-1의 X를 사용하여 계산되었다). 이러한 방식을 통해 그 어떤 시점에든 X의 값은 그때까지 본 인풋에 의존할 것이다.

만약 우리가 네트워크의 상태를 특정 시점에서 모든 뉴런의 값의 합이라고 정의한다면, 반복적인 연결은 현재 상태가 현재 인풋뿐만 아니라 이전 인풋으로부터 계산한 이전 시간 단계의 네트워크 상태에 의존하게 만들 것이다. 그러므로 예를 들어 한 번에 한 문장씩만 본다면, 반복은 문장의 이전 단어를 압축하고 추상적인 형태로 단기 기억에 저장해 현재 단어를 처리하고 반영할 것이다. 네트워크의 구성과 반복적인 연결이 설정되는 방식은 과거가 현재 아웃풋에 얼마나, 그리고 어떻게 영향을 미치는지를 정의한다.

반복적인 신경망은 순서를 인식하는 것이 중요한 음성이나 언어 처리와 같이, 시간의 차원이 중요한 작업들에서 사용된다. 한 언어에서 다른 언어로 글을 번역할 때, 인풋뿐만 아니라 아웃풋이 그 순서를 이룬다.

인지과학의 연결주의 모델

Connectionist Models in Cognitive Science

인공 신경망은, 인지 심리학 및 인지과학 분야에서 연결주의 혹은 병렬 분산 처리parallel distributed processing(PDP) 모델로 알려져 있다. 이것은 뉴런이 어떤 개념과 일치하고, 뉴런의 활성화는 그 개념에 대한 진실과 그 진실에 대한 우리의 현재 믿음이 일치한다는 것이다. 연결은 개념들 간의 제약 혹은 종속성과 일치한다. 연결은 실증적 가중치를 가지고, 만약 두 개의 개념이 동시에 발생할 경우(예를 들면, 원과 숫자 6에 대한 뉴런)에는 흥분 상태가 되며, 두 개념이 상호 배타적이면(예를 들면, 원과 숫자 7에 대한 뉴런) 억제 상태가 된다.

예를 들어, 환경을 감지하여 그 값이 관측되는 뉴런은 상호 연결된 뉴런들에 영향을 미치며, 네트워크 도처에 있는 이 활동 전파는 연결에 의해 정의된 제한을 충족시키는 뉴런 아웃풋의 상태로 이어진다.

연결주의 모델의 기본적 요점은 지능은 창발적 산물emergent property이며, 패턴들 간의 인식이나 연상과 같은 수준 높은 작업은 상호 연결된 단순한 처리 단위의 기본적 작동에 의한 활동 전파의 결과라는 것이다. 이와 마찬가지로, 학습은 단순한 작동을 통해 연결 층위에서 높은 수준의 프로그래머를 전혀 필요로 하지 않고 완료된다. 대표적인 학습법이 헵의 법칙Hebbian rule이다.

연결주의 네트워크는 생물학적인 타당성을 고려하지만 아직도 두뇌의 추상적인 모델이다. 예를 들면 아주 세밀한 것을 나타내는 뇌 안의 개념 각각에 대해 각각의 뉴런이 존재하지는 않을 것이다. 이것은 '할머니 세포 이론grandmother cell theory'으로 필자가 할머니를 볼 때마다 활성화되는 뉴런이 필자의 뇌 속에 있음을 뜻한다. 뇌 안에서 뉴런이 죽고 새로운 뉴런이 생성된다고 알려져 있기 때문에 뉴런 구조의 물리적인 변형에도 개념이 살아남을 수 있을 정도로 반복하여 여러 개념이 뉴런 뭉치에 분포되어 있다는 것이 더 설득력 있다.

병렬 처리를 위한 패러다임으로서의 신경망

Neural Networks as a Paradigm for Parallel Processing

1980년대 이후로, 수천 개의 프로세서를 가진 컴퓨터 시스템이 상용화되었다. 그러나 그러한 병렬 구조의 소프트웨어는 하드웨어만큼 빨리 진보하지는 못하였다. 이에 대한 원인은, 그 시점까지의 거의 모든 계산 이론이 시리얼과 단일 프로세서 기계를 기반으로 하고 있었기 때문이다. 그것들을 효과적으로 프로그래밍할 수 없었기 때문에 전용량으로 병렬 기계를 사용할 수 없었다.

병렬 프로그래밍에는 주로 두 가지 패러다임이 존재한다. 단일 명령-다중 자료single instruction, multiple data(SIMD) 머신에서 모든 프로세서가 같은 명령을 실행하지만 데이터의 각각 다른 부분에서 실행시킨다. 다중 명령-다중 자료multiple instruction, multiple data(MIMD) 머신에서는 다른 프로세서가 다른 데이터에 대해 다른 명령을 시행할 수 있다. SIMD 머신은 작성할 수 있는 프로그램이 하나밖에 없기 때문에 프로그래밍하기 더 쉽다. 그러나 SIMD 머신으로 병렬화할 수 있는 정규 구조가 거의 없다. MIMD 머신이 더 일반적이지만 모든 개별 프로세서에 대해 별도의 프로그램을 작성하는 것은 쉽지 않다. 동기화와 프로세서 사이의 데이터 전달 등과 관련한 추가적인 문제가 생길 것이다. SIMD 머신이 구축하기 더 쉬우며 SIMD에서 더 많은 프로세서의 머신을 구축할 수 있다. MIMD 머신에서 프로세서는 더 복잡하고, 더 복잡한 커뮤니케이션 네트워크를 구축해야 프로세서가 데이터를 임의적으로 교환할 수 있다.

이제 프로세서가 SIMD 프로세서보다 더 복잡하지만 MIMD 프로세서만큼 복잡하지는 않은 시스템이 있다고 가정해보자. 또 일부 매개변수를 저장할 수 있는 작은 로컬 메모리의 단순한 프로세서가 있다고 전제해보자. 각 프로세서는 고정된 함수를 적용하고 SIMD 프로세서와 같은 명령을 수행한다. 하지만 그 로컬 메모리에 다른 값을 로딩하여, 각 프로세서는 다른 것을 할 수 있으며 그 완전한 운영을 그러한 프로세서에 분배할 수 있다. 그렇다면 신경 명령-다중 자료neural instruction, multiple data(NIMD) 머신이라고 하는 것이 생겨나 각 프로세서가 뉴런에 대응하고, 로컬 매개변수가 시냅스 가중치에 대응하며, 완전한 구조물이 신경망의 역할을 한다. 만약 각 프로세서에 적용된 함수가 단순하며 로컬 메모리가 작다면, 수많은 프로세서가 하나의 칩에 들어갈 수 있다.

이제 문제는 이러한 프로세서 네트워크에 작업을 분배해 로컬 매개변수 값을 파악하는 것이다. 학습은 이 과정에서 이루어진다. 머신이 예시로부터 학습할 수 있다면 이러한 머신을 프로그래밍하고 매개변수 값을 판단할 필요가 없어질 것이다.

그러므로 인공 신경망은 우리가 현재의 기술로 구축 가능한 병렬 하드웨어를 사용할 수 있는 방법이며, 학습 덕분에 프로그래밍할 필요도 없다. 그러므로 프로그래밍을 하는 노력 또한 아낄 수 있는 셈이다.

다층에서의 계층적 표현

Hierarchical Representations in Multiple Layers

앞에서 단일층의 퍼셉트론이 배타적 논리합XOR과 같은 특정 작업을 시행할 수 없고, 그러한 제한점은 다수의 층이 있을 때 적용되지 않음을 언급하였다. 실제로 다층Multiple layers의 퍼셉트론이 범용 근사자universal approximator임이 증명되었다. 달리 말하자면, 이는 충분한 뉴런이 있다면 그 어떤 함수든 근사화할 수 있다는 것이다. 그러나 이를 훈련시키는 것이 항상 간단하지는 않다.

퍼셉트론 알고리즘은 단층 네트워크만 훈련할 수 있지만, 1980년도에 역전파 알고리즘backpropagation algorithm이 발명되면서 다층 퍼셉트론도 훈련시킬 수 있게 되었다. 이는 인지과학에서 컴퓨터 과학과 공학까지 수많은 분야에 응용되어 다양한 분야의 신경망 네트워크 연구를 유의하게 가속시켰다.

다층 네트워크는 처리되지 않은 인풋에서 시작하는 조작의 계층들과 일치하며 추상적인 아웃풋 표현을 얻을 때까지 더 복잡한 변환을 점진적으로 수행하기 때문에 직관적이다.

예를 들어, 이미지 인식에서는 기본적인 인풋이자 첫 번째 계층(레이어)에 대한 인풋으로 이미지 픽셀을 가진다. 붓질strokes과 다른 방향의 가장자리edges와 같은 기본적인 이미지 기술자를 탐지하기 위해 다음 계층에 있는 뉴런이 그 픽셀들을 혼합한다. 그 다음 층이 이를 혼합해 더 긴 선과 호, 그리고 모서리를 형성한다. 그 다음 층은 이들을 혼합해 원과 네모처럼 더 복잡한 모양을 학습한다. 이것은 더 많은 처리층과 혼합되어 얼굴이나 글씨와 같이 우리가 학습하고자 하는 사물을 표현한다.

특정 층에 있는 각 뉴런은 그 아래층에서 탐지되는 더 단순한 패턴보다 더 복잡한 특징을 정의한다. 이러한 중간 특징을 탐지하는 단위는 직접적으로 관찰되지는 않지만 관찰된 것을 기반으로 정의되는 숨겨진 속성에 대응하기 때문에 숨겨진 단위hidden units(다층 구조 신경망에서 숨겨진 층에 들어있는 단위-옮긴이)라고 불린다. 이러한 숨겨진 단위의 연속적 층들은 증가하는 추상화 층들과 일치한다. 이 추상화 층들은 픽셀과 같이 처리되지 않은 데이터에서 시작하여 숫자나 얼굴과 같은 추상적인 개념으로 끝나게 되는 곳이다.

유사한 메커니즘이 시각피질visual cortex에서 가동되는 것처럼 보이는 것은 흥미로운 일이다. 시각 신경생리학 분야에서 1981년도에 노벨상을 수상한 휴벨과 위젤의 고양이에 대한 실험은 시야의 특정 위치에서 특정 방향의 선에 반응하는 단순 세포simple cells가 있으며, 이러한 세포들은 더 복잡한 형태를 탐지하기 위해 복합 세포complex cells와 과복합 세포hypercomplex cells로 차례차례 들어가는 것을 보여주었다. 그러나 이후의 층위들에서 무슨 일이 일어나는지는 잘 알려지지 않았다.

네트워크에 이러한 구조를 도입하는 것은 인풋에 대한 의존성과 같은 전제를 하는 것을 암시한다. 예를 들면, 시각에서 근처 픽셀들은 서로 관련되어 있으며 모서리나 모퉁이와 같은 국소 특징들이 있다. 손으로 쓴 숫자와 같은 사물은 그것이 무엇이든 그러한 기초 요인들의 혼합으로 정의될 수 있다. 시각적인 장면이 매끈하게 변하므로 근처의 픽셀들이 동일한 사물에 속하는 경향이 있고, 거기에는 모서리와 같이 갑작스러운 변화가 드물기 때문에 유익한 정보를 제공한다는 것을 알고 있다.

이와 유사하게, 음성에서 집약성은 시간에 맞춰 이루어지며 시간상 유사한 인풋이 음성의 기초 요인으로 묶일 수 있다. 주로 음소 형태인 이러한 기초 요인들을 묶어 더 긴 발언을 정의할 수 있다. 그것들은 차례차례 결합되어 단어들을 정의할 수 있으며, 더 나아가 문장으로 결합될 수 있다.

이러한 경우, 층들 사이의 연결을 설계할 때에는 모든 인풋이 의존적이지 않기 때문에 모든 단위들이 다른 단위에 연결되는 것은 아니다. 대신에 인풋 공간 위의 창을 정의하는 단위와 인풋의 작은 지역 부분집합에만 연결되는 단위를 정의할 수 있다. 이것은 연결의 수와 학습되어야 할 매개변수의 수를 감소시킨다. 이러한 구조는 각 단위가 가중치를 적용한 인풋에 대해 작업하는 콘볼루션 신경망convolution neural network(혹은 합성곱 신경망, CNN)이라고 불린다. 초기의 유사한 구조는 신인식기neocognitron라고 한다.

요점은 각 층이 소수의 지역 단위에 연결되어 있는 연속된 층에서 이 과정을 반복한다는 것이다. 각 특징 추출feature extractors 층이 아래의 특징을 더 큰 인풋 공간에서 혼합하여 더 복잡한 특징을 확인하고, 완전한 인풋을 살피는 아웃풋 층까지 도달한다. 특징 추출은 우리가 관찰하는 처리되지 않은 속성이 많을 수 있지만, 우리가 데이터로부터 추출해 아웃풋을 계산하기 위해 사용하는 중요한 숨겨진 특징은 더 적기 때문에 차원 축소dimensionality reduction를 시행하기도 한다.

이 다층 네트워크는 계층적 원뿔의 한 예로, 클래스에 도달할 때까지 네트워크 위로 올라가면서 그 특징이 더 복잡해지고, 추상화되며, 수적으로 더 적어진다(그림 4.2 참조).

오토인코더autoencoder, 데이터의 압축과 분배에 사용되는 인공 신경망-옮긴이는 다층 네트워크의 특수한 유형인데, 여기서 이상적인 아웃풋은 인풋과 동등한 것으로 설정되며 인풋에서보다 중간층에 더 적은 수의 숨겨진 단위가 존재한다. 인풋에서 숨겨진 층(은닉 층)까지의 첫 부분은 고차원의 인풋이 압축되어 더 적은 수의 숨겨진 단위의 값으로 표현되는 인코더 단계를 적용한다. 숨겨진 층에서 아웃풋까지의 두 번째 부분은 숨겨진 층의 저차원 표현을 취해 고차원 인풋을 아웃풋에 다시 구성하는 디코더decoder 단계를 적용한다.

네트워크가 인풋을 그것의 아웃풋 단위에서 재구성할 수 있도록 하기 위해서는 병목 역할을 하는 적은 수의 숨겨진 단위가 정보를 가장 효과적으로 유지시키는 최고의 특징들을 추출할 수 있어야 한다. 오토인코더는 지도를 받지 않으며 숨겨진 단위는 가장 중요한 특징을 추출하고 노이즈와 같이 관련이 없는 것들을 무시하여 인풋의 우수한 인코딩인 짧은 압축된 서술자를 찾는 법을 터득한다.

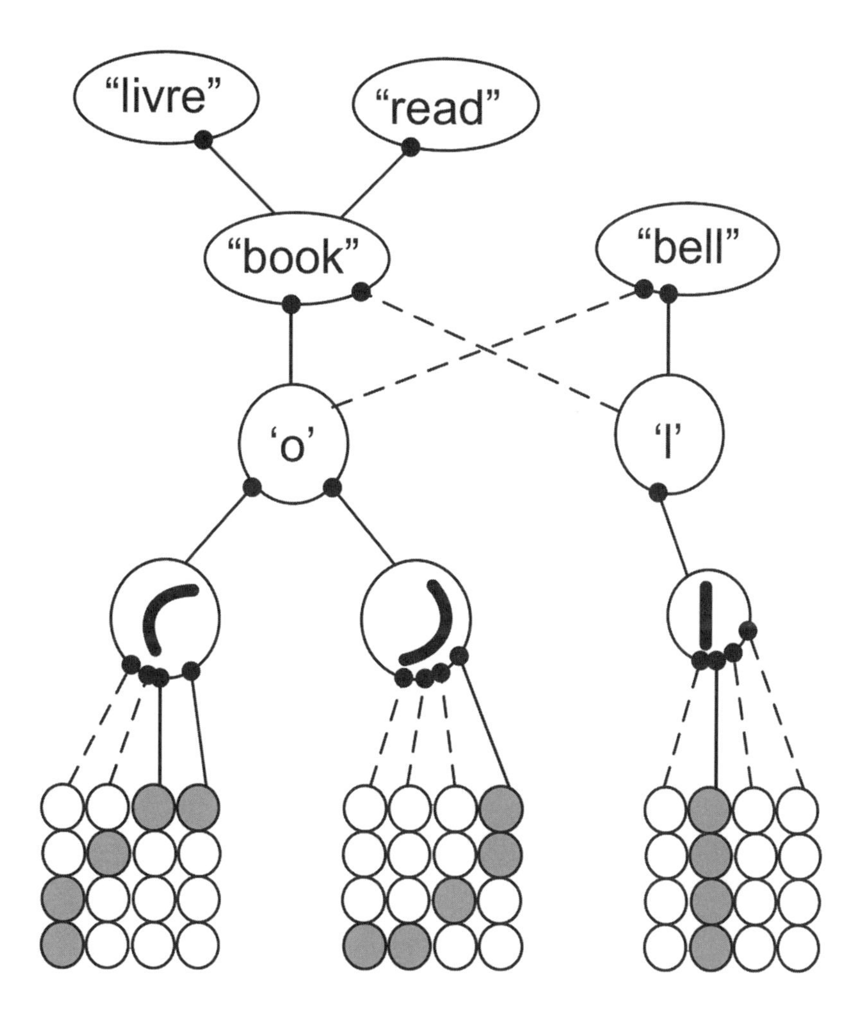

[그림 4.2] 아주 단순화된 계층적 처리의 예시. 가장 낮은 층에는 픽셀이 있으며, 픽셀은 호와 선 부분과 같은 기초 요인들을 정의하기 위해서 혼합된다. 다음 층은 이들을 혼합해 글자를 정의하며, 다음 층은 이들을 혼합해 문자를 정의한다. 여기에서의 표현은 위로 올라갈수록 더 추상적이게 된다. 실선은 긍정적인 (흥분성) 연결을 나타내며, 점선은 부정적인 (억제성) 연결을 나타낸다. 글자 "o"는 "book"에는 들어있지만 "bell"에 들어있지는 않다. 더 높은 층위에서 "book"과 "read"와 같은 관계처럼 더 추상적인 관계를 사용해 활동이 전파될 수 있으며, 다중 언어적인 맥락에서는 영어 "book"과 프랑스어로 '책'을 뜻하는 "livre" 사이에서 이 과정이 이루어질 수 있다.

Deep Learning

지난 반세기 동안 컴퓨터 비전에서는 정확한 분류를 위한 최고의 특징을 찾기 위해 중요한 연구가 시행되었다. 그리고 이런 특징 추출자를 수동적으로 실행하기 위해 다른 여러 이미지 필터들, 변형들, 그리고 콘볼루션convolution, 계층화 신경망으로 2차원 데이터의 학습에 적합한 구조-옮긴이이 제안되었다.

이러한 접근법들이 일부 성공을 거두긴 했지만, 최근의 학습 알고리즘은 방대한 양의 데이터와 강력한 컴퓨터로 더 높은 정확도를 달성하고 있다. 추정과 수동적 추론이 거의 없이, 계층적 원뿔과 유사한 구조물을 방대한 양의 데이터로부터 자동적으로 학습하게 하고 있다. 이러한 러닝 접근법은 학습 및 구체적인 작업을 위해 고정된 것이 아니며, 다양한 애플리케이션에서 사용할 수 있다는 점에서 흥미롭다. 학습 알고리즘은 숨겨진 특징 추출자와 이들을 어떻게 최적으로 혼합해 아웃풋을 정의할 수 있는지를 학습한다.

이 개념은 처리되지 않은 인풋에서 시작하여, 각각의 숨겨진 층이 이전 층의 값을 혼합해 인풋의 더 복잡한 함수를 학습한다는 심층 신경망deep neural networks의 이면에 있는 것이다. 숨겨진 단위 값이 0이나 1이 아니라 연속적인 값을 가진다는 것은 유사한 인풋을 더 미세하고 단계적으로 표현할 수 있음을 의미한다. 연속적인 층들은 이처럼 가장 추상적인 개념들에 관한 아웃풋을 학습하게 되는 최종 층에 도달할 때까지 더 추상적인 표현과 대응한다.

픽셀에서 시작하여 모서리로 갔다가 다음에 모퉁이에 도달하는 등, 숫자에 도달할 때까지 나아가는 콘볼루션 신경망에서 이것의 예시를 찾아볼 수 있다. 이러한 네트워크에서 연결성과 전체적인 구조를 정의하기 위해서는 어떤 사용자 지식이 필수적이다. 인풋이 이미지 픽셀인 얼굴 인식기를 살펴보자. 만약 각 숨겨진 단위가 모든 픽셀에 연결된 상태라면, 네트워크에는 인풋이 얼굴 이미지라는 지식이나 인풋이 2차원이라는 지식이 없다. 그 인풋은 그저 값의 모음일 뿐이다. 숨겨진 단위가 국한적인 2차원 패치와 함께 제공되는 콘볼루션 네트워크를 사용하는 것은 이 국한적인 정보를 제공해 올바른 추상성을 학습할 수 있는 방법 중 하나다.

딥러닝deep learning에서의 요점은 최소한의 인적 공헌으로 증가하는 추상화에 대한 특징feature 레벨을 학습하는 것이다. 대부분의 응용에서 우리는 인풋에 어떤 구조가 있는지 특히 위로 올라갈수록 알지 못하는데, 이는 상응하는 개념들이 "숨겨진" 상태가 되기 때문이다. 그러므로 종속성dependency(실체 간 또는 속성 간의 관련 관계-옮긴이)은 그 종류가 무엇이든 예시들의 대표본으로 훈련하는 동안 자동으로 발견되어야만 한다. 데이터로부터 숨겨진 종속성이나 패턴, 혹은 규칙성을 추출하는 것은 추상화와 일반적 기술descriptions에 대한 학습을 가능케 한다.

다수의 은닉 층에 있는 신경망을 훈련하는 것은 모든 이전 층의 가중치들을 업데이트할 수 있도록 아웃풋에 있는 오류가 다시 전파되어야 하며, 많은 매개변수들이 있을 때는 간섭이 일어나기 때문에 어렵고 느리다. 회선 신경망에서는 각 유닛이 그 이전 유닛과 그 이후 유닛의 작은 부분집합에만 제공되므로 간섭이 덜 일어나므로 훈련을 더 빠르게 할 수 있다.

심층 신경망은 한 번에 한 층씩 훈련될 수 있다. 각 층의 목표는 인풋에서 두드러지는 특징을 추출하는 것이며, 이 목적을 위해 오토인코더와 같은 기법을 사용할 수 있다. 여기에는 분류가 없는 데이터를 사용할 수 있다는 추가적인 장점이 있다. 오토인코더는 지도를 받지 않고, 따라서 분류된 데이터labeled data(라벨드 데이터)가 필요하지도 않다. 그러므로 로우 인풋raw input에서부터 시작하여 오토인코더를 훈련시키고, 그 뒤 그곳의 숨겨진 층에서 학습된 암호화된 표현은 다음 오토인코더 등을 훈련시키기 위해 인풋으로 사용된다. 분류된 데이터를 이용해 감독받는 시스템에서 훈련된 마지막 층에 도달할 때까지 그렇게 하는 것이다. 이렇게 모든 층이 위와 같은 방식으로 하나씩 훈련되었다면, 그것들은 모두 순차적으로 조합되고, 잔뜩 쌓인 오토인코더들의 전체 네트워크는 분류된 데이터를 이용해 미세하게 조정될 수 있다.

많은 양의 분류된 데이터와 엄청난 계산 능력을 사용할 수 있다면, 심층망 전체가 지도된 방식으로 훈련될 수는 있으나 가중치를 초기 설정하기 위해서는 비지도 방법을 사용하는 것이 무작위적인 초기 설정에 비해 훨씬 더 효과적이다. 학습은 분류된 데이터의 수가 더 적다면 더 빨리 이루어질 수 있다.

딥러닝 기법은 주로 수동적인 개입을 덜 받기 때문에 매력적이다. 우리는 올바른 특성을 만들어 내거나 적합한 변형을 할 필요가 없다. 데이터(요새는 '빅데이터')를 갖고 있고, 충분한 양의 계산을 할 수 있다면 (요즘은 수천 개의 프로세서가 있는 데이터센터가 있다) 학습 알고리즘이 자체적으로 필요한 것을 발견할 수 있도록 기다리면 된다.

딥러닝의 기초가 되는 추상화abstraction가 점점 증가하는 계층이 여러 개 있다는 생각은 직관적이다. 손으로 쓴 숫자 또는 얼굴 이미지처럼 시각뿐만 아니라 다른 많은 응용들에서 이러한 추상화의 층위들에 대해 생각할 수 있다. 이처럼 추상적인 표현을 발견하는 것은 예측뿐만 아니라 추상화가 문제의 더 나은 서술과 이해를 가능하게 하기 때문에 유용하다.

또 다른 좋은 예는 우수한 특징 추출, 다시 말해 우수한 숨겨진 표현에 대한 필요성이 가장 분명한 자연어 처리natural language processing다. 연구자들은 온톨로지ontology라고 불리는 미리 정의된 데이터베이스에 대한 작업을 통해 언어의 단어 사이의 관계를 표현하고자 하였으며, 그러한 데이터베이스는 어느 정도의 성공을 거두었다. 다른 층위의 추상성으로 계층을 학습하는 심층망은 이를 실행하는 한 가지 방법일 수 있다. 오토인코더와 반복되는 오토인코더는 이러한 심층 구조의 우수한 구성요소 후보다. 반복적인 오토인코더는 학습된 숨겨진 표현이 현재의 인풋뿐만 아니라 이전의 인풋에 의존할 수 있도록 훈련을 받는다.

기계 번역을 생각해보자. 영어 문장으로 시작하여 영어의 어휘, 통사론적, 의미적 규칙을 코딩하기 위한 매우 큰 영어 말뭉치로부터 자동적으로 학습되는 다수의 처리 및 추상화 층위에서, 우리는 가장 추상적인 표현으로 나아갈 것이다. 이제 불어로 같은 문장을 생각해보자. 이번에 불어 말뭉치로부터 학습한 처리 층위는 영어로 학습한 것과 다르겠지만, 두 문장이 가장 추상적이고 언어에 의존하는 층위에서 같은 것을 뜻한다면, 이들은 매우 유사한 것을 표현할 것이다.

언어 이해는 주어진 문장으로부터 높은 수준의 추상화 표현을 추출하는 인코딩 과정이며, 언어 생성은 우리가 이러한 높은 수준의 표현으로부터 자연어 문장을 합성하는 디코딩 과정이다. 번역에 있어서 우리는 원 언어로 인코딩하고 대상 언어로 디코딩한다. 또한 대화 체계에서 질문을 추상적인 층위로 인코딩하고 그 추상적인 수준에서 응답을 형성하도록 처리하여 응답 문장으로 디코딩한다.

뇌는 하나의 심층망으로 구성된 것이 아니다. 심층망은 아직도 상대적으로 제한된 분야에서 이용되지만, 우리는 이러한 네트워크가 더 커지고, 더 많은 데이터로 훈련을 받을 때 더 놀라운 결과를 마주한다.

5

학습 클러스터와 추천

데이터에서 그룹 찾기

Finding Groups in Data

앞에서 우리는 인풋과 아웃풋이 있으며(예를 들면, 자동차의 속성과 가격) 인풋에서 아웃풋까지의 매핑을 학습하는 것이 목표인 지도 학습을 다루었다. 지도가 올바른 값을 제공하고, 모델의 매개변수를 업데이트하여 아웃풋을 원하는 아웃풋에 최대한 가깝게 한다.

우리는 이제 비지도 학습unsupervised learning에 대해 논할 것이다. 비지도 학습에는 사전 정의된 아웃풋이 없고, 그래서 지도자도 존재하지 않는다. 오직 인풋 데이터만이 주어진다. 비지도 학습의 목표는 인풋에서 규칙성을 찾아 일반적으로 어떤 일이 일어나는지를 확인하는 것이다. 인풋 공간에는 구조가 있어서 특정 패턴이 다른 패턴보다 더 자주 일어나는데, 일반적으로 어떤 일이 일어나고 일어나지 않는지를 살펴보고자 한다.

비지도 학습의 예시 중 하나는 클러스터링clustering인데, 여기서의 목표는 인풋 클러스터나 집단grouping을 찾는 것이다. 통계학에서 이것은 혼합 모델mixture model이라고 부른다.

회사의 경우에는 고객 데이터에 연령, 성별, 우편번호와 같은 인구통계학적인 정보와 회사와의 과거 거래 내역을 포함한다. 회사는 그 고객 프로필의 분포를 살펴 어떤 고객들이 자주 구매하는지를 살필 수 있다. 이런 경우에 클러스터 모델은 속성이 유사한 고객을 같은 집단에 배정해 회사에 고객의 자연 분류를 제공할 수 있다. 이것을 고객 세분화라고 한다. 그러한 집단을 발견했다면 회사는 각각의 집단에 구체적인 서비스와 제품과 같은 전략을 결정할 수 있다. 이것을 고객 관계 관리Customer relationship management(CRM)라고 한다.

이러한 분류를 통해 회사가 다른 고객과 또 다른 고객의 이상점을 파악해 회사가 수익을 낼 수 있는 틈새시장을 탐구할 수 있게 하고, 탈퇴 고객처럼 더 탐구가 필요한 고객을 지목한다. 그림 5.1을 참고하자.

우리는 서로 다른 여러 도메인domain(관계 데이터베이스에서 하나의 속성에 있는 필드가 가질 수 있는 값의 집합-옮긴이)에서 별로 크지 않은 변형으로 반복되는 규칙성과 패턴

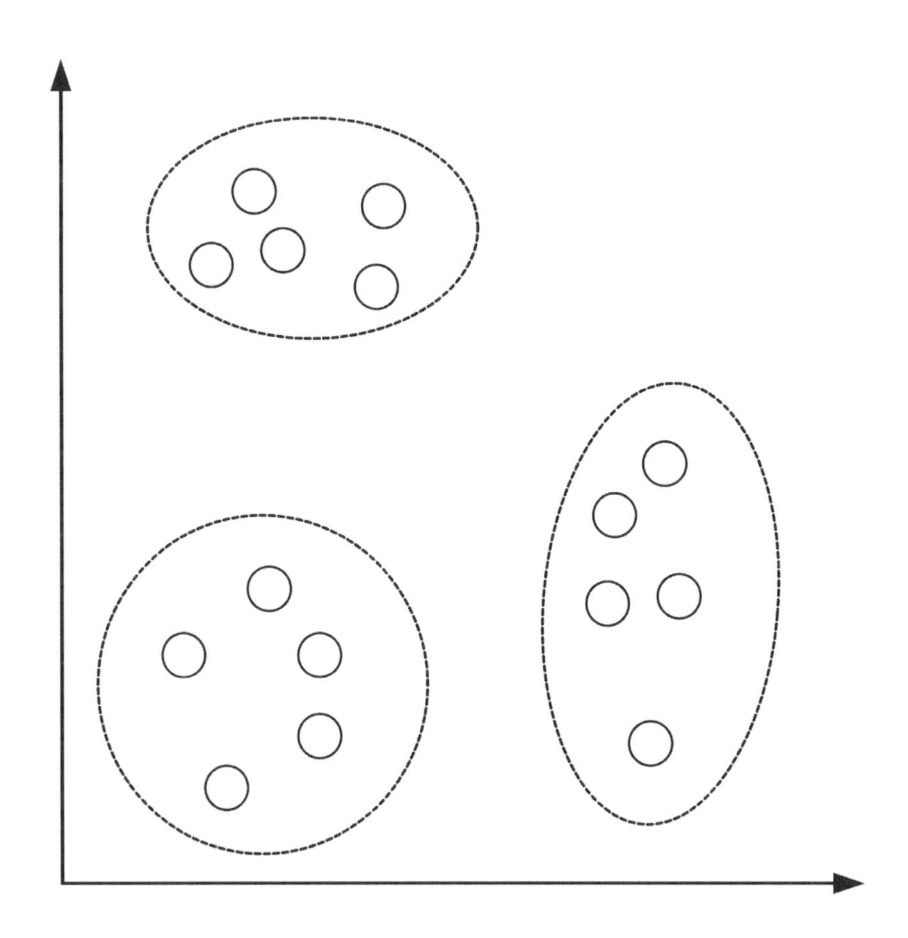

[그림 5.1] 고객 세분화를 위한 클러스터링(군집화). 우리는 각각의 고객들에 대한 소득 및 저축 정보를 보유하고 있다. 여기서 우리는 세 가지의 고객 세분화 집단이 있음을 알 수 있다. 그러한 분류는 다른 세분화 집단의 특성을 이해해 각 세분화 집단에 대한 다른 상호작용을 정의할 수 있게 해준다. 이 과정을 고객 관계 관리(CRM)라고 한다.

을 기대한다. 이러한 규칙성을 기본적인 것으로 탐지하고, 관련이 없는 것(주로 노이즈)을 무시하는 것은 압축의 한 방식이다. 예를 들어, 이미지 내에서 인풋은 픽셀로 구성되어 있지만 우리는 질감, 사물 등과 같은 반복된 이미지 패턴을 분석해 규칙성을 판단할 수 있다. 이것은 광경에 대해 더 높은 층위에서 더 단순하고 더 유용한 서술을 가능하게 하며 픽셀 수준에서의 압축보다 더 나은 압축을 달성한다. 스캔된 문서 페이지에는 임의적인 온/오프 픽셀이 아니라 문자 비트맵 이미지가 있다. 데이터에는 구조가 있으며 우리는 다른 방향의 획으로 데이터를 더 짧게 서술하여 이 반복성을 이용한다. 더욱이 이러한 획이 특정 방식으로 혼합되어 문자를 구성한다는 것을 발견한다면, 이미지보다 더 짧은 문자 코드를 사용할 수 있다.

문서 군집document clustering, 문서 클러스터링의 목적은 유사한 문서들을 그룹으로 묶는 것이다. 예를 들어, 신문 기사는 정치, 스포츠, 패션, 예술 등에 관한 것들로 세분화할 수 있다. 그러한 문서의 종류를 나타내는 어휘를 사용해 단어가방으로 문서를 표현할 수 있으며, 이러한 문서들은 공유된 단어들의 수에 따라 분류된다. 물론 어휘 목록의 선택을 어떻게 하는지는 매우 중요한 문제다.

비지도 학습unsupervised learning 기법은 생물정보학에도 사용된다. 인간의 게놈(생명체가 가지고 있는 유전정보-옮긴이)에 있는 DNA는 "생명의 청사진"이며 A, G, C, T의 염기 시퀀스이다. RNA를 DNA로부터 전사하며 단백질을

RNA로부터 번역한다. DNA가 염기 시퀀스인 것처럼 단백질은 아미노산으로 구성되어 있다(염기로 정의된 바와 같이). 분자생물학에서 컴퓨터 과학의 응용 영역 중 하나의 시퀀스(순서)를 다른 시퀀스에 맞추는 것이 바로 정렬alignment이다. 이것은 스트링이 꽤나 길고, 매칭할 수 많은 템플릿 스트링이 있으며 삭제, 삽입, 혹은 대체가 있을 수 있기 때문에 어려운 스트링 매칭 문제다.

클러스터링clustering은 단백질에서 반복적으로 발생하는 아미노산의 순서인 학습 모티프motif에서 사용한다. 모티프는 이들이 나타내는 시퀀스 내에서 구조적 또는 기능적 요인에 대응하기 때문에 관심을 기울여야 할 대상이다. 여기에서의 논리는 아미노산이 글자이고 단백질이 문장이라면, 모티프는 다른 문장에서 특정 의미를 가지는 글자로 구성된 단어와 같다는 것이다.

클러스터링은 데이터 내에서 자연스럽게 발생하는 집단들을 찾아내는 탐구적 데이터 분석 기법으로 사용될 수 있다. 그 다음에 그러한 집단들을 클래스에 따라 레이블링하고 나중에 그것들을 분류하고자 시도할 수 있다. 한 회사는 고객들을 집단으로 묶고 세분화한 다음, 고객 이탈 방지와 같은 특정 목표를 향해 이들을 분류할 수 있으며, 새로운 고객들의 행동을 예측하기 위해 분류기classifier를 훈련시킬 수 있다. 그러나 요점은 거기에 클러스터나 어떤 전문가도 예측하지 못한 클러스터들이 있을 수 있다는 점이며, 그것이 바로 지도되지 않은 데이터 분석의 힘이다.

때때로 클래스class는 다수의 집단으로 구성되어 있다. 광학적 문자판독(OCR)에 대해 생각해보자. 숫자 7을 쓰는 법에는 두 가지가 있다. 미국에서는 '7'이라고 쓰지만, 유럽에서는 중간에 수평으로 선을 하나 더 긋는다(이것은 손으로 글을 쓸 때 맨 위에 작은 획을 하나 더 긋는 유럽의 '1'과 구분하기 위해서다). 이러한 경우에 표본이 두 대륙으로부터의 예시를 포함한다면, 7의 분류는 두 집단의 통합/분리/혼합으로 표현될 것이다.

발음, 억양, 성별, 연령 등의 이유로 같은 단어를 다르게 발음할 수 있는 음성 인식에서 유사한 사례가 나타난다. 예컨대, 필자가 (영어로) '토마토'라고 발음하는 것을 여러분은 '토매이토'라고 하는 것이다. 따라서 단 하나의 보편적 방식이 없다면, 이 모든 다른 방식들은 통계적으로 정확해져야 하므로 동등하게 타당한 대안들로 표현되어야 한다.

클러스터링 알고리즘은 입력 속성의 인풋 표현에 따라 계산된 유사성 측면에서 인스턴스를 그룹화하고 이러한 속성의 유사성을 결합하여 인스턴스 간의 유사성을 측정한다. 특정 응용에서, 인스턴스 사이의 유사성 측정을 속성 목록을 생성해 각각에 대한 유사성을 계산하지 않고 원 데이터 구조에 대해 직접적으로 정의한다.

웹페이지의 클러스터링을 고려해보자. 텍스트 필드에 추가적으로 제목이나 키워드, 혹은 이로부터 연결되거나 이에 연결하는 공통된 웹페이지를 사용할 수 있을 것이다. 이것은 웹페이지의 텍스트를 표현하는 단어가방 기법을 사용해 계산된 것보다 더 나은 유사성 측정을 제공한다. 응용에 더 적합한 유사성 측정을 사용하는 것은 (정의할 수 있다면) 더 나은 클러스터링 결과로 이어진다. 이것이 스펙트럼 클러스터링spectral clustering의 근본적인 요점이다.

그러한 응용에 구체적인 유사성 표현은 커널 함수kernel function라는 이름으로 일반적으로 묶이는 지도 학습의 응용에서 널리 사용된다. 서포트 벡터 머신support vector machine[SVM]은 분류와 회귀 목적을 위해 사용되는 학습 알고리즘의 예시다.

또한 계층적인 클러스터링을 수행할 수도 있다. 여기서는 동등한 클러스터 목록 대신 세분화 수준이 다른 클러스터의 트리를 생성하고, 트리의 더 높은 곳으로 올라가며, 이러한 클러스터는 더 작은 클러스터로 세분화된다. 생물학 시간(가장 유명한 예시는 린네의 분류학: 수많은 식물을 분류하여 체계를 세우고, 식물학자들이 헷갈리지 않고 똑같이 부를 수 있는 이름을 짓는 분류법으로 식물학자 린네가 만듦-옮긴이)이나 인간 언어로부터 그러한 클러스터 트리를 본 적이 있을 것이다. 클러스터를 더 작은 클러스터로 나누는 것에 대한 하나의 설명은 진화적 변화에 대한 계통발생론 때문이다(작은 변형이 시간에 따라 누적되어 하나의 종이 두 가지의 종으로 나뉜다). 하지만 다른 응용 분야에서는 유사성가 이유는 다를 수 있다.

클러스터링이나 비지도 학습의 목표는 일반적으로 데이터에서 구조를 찾는 것이다. 지도 학습(예를 들면, 분류)의 경우, 다른 클래스를 정의하고 훈련 데이터에서 그러한 클래스에 인스턴스를 분류하는 지도에 의하여 구조가 제시된다. 이러한 지도가 제공하는 추가적인 정보는 물론 유용하지만, 이것이 편향의 근원이 되거나 인공적인 경계를 형성하지 않도록 해야 한다. 또한 "교사 노이즈teacher noise"라고 불리는 분류의 오류가 있을 위험이 존재한다.

비지도 학습은 분류되지 않은 데이터가 찾기 더 쉽고 저렴하기 때문에 중요한 연구 영역이다. 음성 인식의 경우, 토크 라디오 채널은 분류되지 않은 음성 데이터의 근원이 될 수 있다. 여기에서의 요점은 분류되지 않은 데이터로부터 기본적인 특성을 추출해 무엇이 일반적인지 학습하고, 이를 다른 목적에 대해 분류하는 것이다. 아기는 물건, 사물 혹은 얼굴을 다양한 조건에서 보고 두리번거리며 몇 년을 보낸다. 이 기간 동안 기본적인 특징 추출과 이러한 특징 추출이 사물을 구성하는 방식을 배운다. 나중에 아기가 언어를 학습할 때, 아기는 그러한 사물들의 이름을 배운다.

추천 시스템

Recommendation Systems

1장에서 우리는 머신러닝의 응용으로 고객 행동을 예측하는 추천 시스템Recommendation Systems에 대해 논했다. 방대한 고객 거래 데이터 집합이 주어진다면 "X를 구매하는 사람들은 Y를 살 확률도 높다"라는 형식의 연관 규칙을 발견할 수 있다. 이러한 규칙은 X를 구매하는 고객 중 Y를 구매한 고객들의 비율이 역시 높다는 것을 함축하고 있다. 그러므로 만약 X를 구매했지만 Y는 구매하지 않은 고객이 있다면, 이 고객은 잠재적인 Y 고객으로써 목표로 삼을 수 있을 것이다. X와 Y는 제품, 저자, 방문할 도시, 시청할 비디오 등이 될 수 있다. 우리는 매일 온라인 서핑을 하면서 이러한 추천 유형에 대한 아주 많은 사례들을 볼 수 있다.

이러한 대상 접근법이 자주 사용되며 매우 큰 데이터 집합으로부터 규칙을 학습하기 위해 효율적인 알고리즘이 제시되었지만, 생성 모델을 사용하는 흥미로운 알고리즘은 요즘에 더 많이 제시되고 있다.

생성 모델generative model, 제네러티브 모델을 구축하는 동안 우리는 데이터가 어떻게 생성되었는지에 대해 생각한다는 점을 기억하도록 하자. 그러므로 우리는 고객 행동에서 이러한 행동에 영향을 미치는 원인을 고려한다. 또 사람들이 임의로 아무 물건이나 사지 않는다는 것도 알고 있다. 고객들의 소비는 가구 구성(가족의 수, 가족들의 성별과 연령)과 소득, 취향(이는 결국 출생지와 같이 다른 요인들의 결과다) 등과 같은 많은 요인에 달려 있다. 어떤 회사들은 고객 카드를 사용해 이러한 정보의 일부를 수집하지만, 실질적으로 이러한 대부분의 요인은 잘 알려져 있지 않고 숨겨져 있으므로 관찰된 데이터로부터 추론해야만 하는 대상이다.

그러나 이러한 요인들에 대한 과도한 의존은 데이터가 종종 잘못되거나 불완전할 수도 있기 때문에 잘못된 방향으로 이끌 수도 있음을 주목하자. 우리가 즉각적으로 떠올릴 수 없거나 생각하는 것만큼 중요하지 않은 요인이 있을 수 있다. 그러므로 데이터로부터 이러한 것들을 배우는 것(발견하는 것)이 최선이다.

어떤 값(예컨대, 구매 수량)을 관측할 수 있는 제품들은 많이 존재하지만, 고객들의 구매는 적은 수의 숨겨진 요인으로부터 영향을 받는 것이다. 여기에서의 요점은 특정 고객의 이러한 요인들을 추정할 수 있다면, 그 고객의 미래 구매에 대해 더 정확한 예측을 할 수 있다는 점이다.

숨겨진 원인을 추출하는 것은 제품들 사이의 연관성을 학습하려고 시도하는 것보다 훨씬 더 나은 모델을 구축할 것이다. 예를 들어, "집에 있는 아기"라는 숨겨진 모델은 기저귀, 우유, 분유, 물티슈와 같은 다른 물품의 구매로 이어질 수 있다. 그러므로 이러한 제품 두 개나 세 개 사이의 규칙을 학습하려고 하는 대신에, 과거의 구매로부터 숨겨진 요인(아기)을 추정할 수 있다면, 그 물건을 구매했는지 여부에 대한 추정을 유발할 것이다.

실제로, 그러한 요인들은 수없이 많다. 각각의 고객은 많은 요인들로부터 영향을 받는다(혹은 그 요인에 의해 정의된다). 그리고 각각의 요인은 제품의 부분 집합을 촉발시킨다. 요인의 값은 0이나 1이 아니라 연속적이며, 이렇게 분산된 표현은 고객 인스턴스를 표현하는 데 있어 풍부함을 제공한다.

이 접근법은 데이터를 두 부분으로 분해하여 구조를 찾는 것을 목표로 한다. 첫 번째 부분은 고객과 요인 사이의 매핑인데, 이는 고객을 요인과 관련하여 정의한다(다른 가중치로). 두 번째는 요인과 제품 사이의 매핑으로, 이는 제품과 관련하여 요인을 정의한다(다른 가중치로). 수학에서는 행렬을 사용하여 데이터를 모델링한다. 이는 이러한 접근법이 행렬 분해법matrix decomposition이라고 불리는 이유다.

이러한 숨겨진 요인의 생성 접근법은 수많은 다른 응용 기법에서도 타당한 것이다. 영화 추천의 사례를 살펴보도록 하자(그림 5.2 참조). 여러 편의 영화를 대여한 고객들이 있으며, 아직 이 고객들이 보지 않은 영화들도 많으므로 이를 토대로 영화를 추천하고자 한다.

이 문제의 첫 번째 특성은 고객의 수와 영화의 수는 많지만, 데이터가 적다는 것이다. 모든 고객은 아주 적은 비율의 영화들만 보았고, 대부분의 영화는 아주 적은 비율의 고객들만 본 것이다. 이러한 사실을 기반으로, 학습 알고리즘은 새로운 영화나 새로운 고객이 데이터에 추가되더라도 성공적으로 일반화를 하고 예측해야 한다.

이러한 경우에도 우리는 액션이나 코미디와 같은 장르를 선택할 확률을 높이는 고객의 연령이나 성별처럼 '숨겨진 요인'에 대해 생각할 수 있다. 분해를 사용하면 이러한 요인들에 대해 각각의 고객을 (각각 다른 비율로) 정의할 수 있으며, 그 각각의 요인은 (각기 다른 확률로) 특정 영화를 추천한다. 이것은 두 편의 영화 사이의 규칙을 찾아내기 위해 노력하는 것보다는 훨씬 더 쉽고 비용이 적게 들기 때문에 훨씬 좋다. 이와 같은 요인들이 사전에 정의되는 것이 아니라 학습을 하는 동

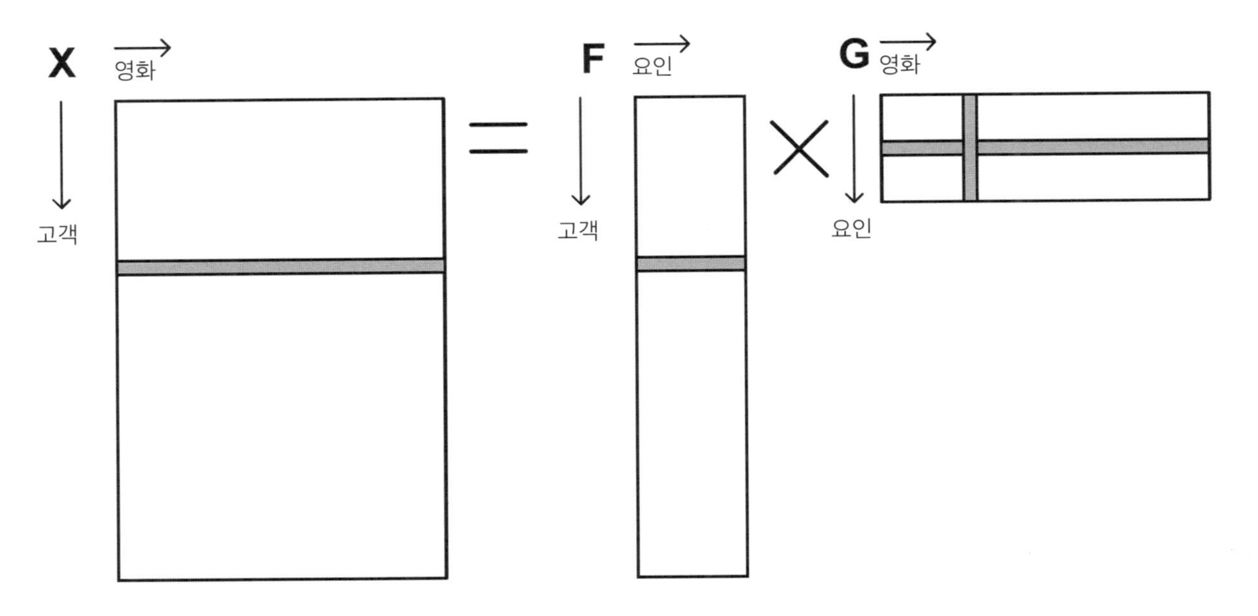

[그림 5.2] 영화 추천을 위한 행렬 분해법. 데이터 행렬 X의 각 열은 영화에 대해 한 고객이 부여한 점수를 포함하고, 이에 대한 대부분의 데이터는 빠져 있는 상태일 것이다(고객이 그 영화를 보지 않았으니 말이다). 이것은 F와 G 두 행렬을 요인으로 포함한다. F의 각 행은 요인들의 벡터로써 정의된 고객을 나타내며, G의 각 행은 영화에 대한 한 요인의 효과를 정의한다. G의 각 열은 요인들과 관련하여 정의된 영화다. 전형적으로 요인들의 수는 고객의 수나 영화의 수보다는 훨씬 더 적다. 달리 말하자면, 그것은 데이터의 복잡도를 정의하는 요인의 수이며, 이는 데이터 행렬 X의 순위다.

안에 자동적으로 발견되는 것에 다시 한 번 주목해보자. 그것들을 해석하거나 의미를 부여하는 것이 항상 쉽지만은 않을 수 있다.

또 다른 응용 분야로는 문서 범주화document categorization가 있다. 우리에게 많은 문서가 주어진 상태이며 문서 각각은 특정 단어가방으로 쓰였다고 해보자. 다시금 데이터가 부족해진다. 각 문서는 적은 수의 단어만을 사용한다. 여기서 주제와 같은 숨겨진 요인들을 발견할 수 있다. 기자가 보고서를 작성할 때, 기자는 특정 주제에 대해 쓰고 싶어할 것이므로 각 문서는 특정 주제의 혼합이며, 각 주제는 가능한 모든 단어의 작은 부분집합을 사용하여 작성된다. 이를 잠재 의미 분석latent semantic indexing(LSI)이라고 부른다. 이것이 "X라는 단어를 사용하는 사람들은 Y라는 단어 또한 사용한다"와 같은 규칙을 찾아내고자 하는 것보다 더 타당하다는 것은 분명하다.

데이터가 숨겨진 요인을 통해 어떻게 생성되는지, 그리고 그것들을 결합하여 관측할 수 있는 데이터를 생성하는 방식에 대해 생각하는 것은 중요하며, 이것은 추정 과정을 더 쉽게 만들 수 있다. 여기에서 논하는 것은 숨겨진 요인들의 효과를 합하는 합산 모델이다. 모델은 항상 선형적이지 않으며 (예를 들어, 하나의 요인은 또 다른 요인을 저해할 수 있다) 데이터로부터 비선형적 생성 모델을 학습하는 것은 머신러닝에 관한 현재의 연구에서 중요한 방향 중 하나다.

숨겨진 원인을 추출하는 것은 제품들 사이의 연관성을 학습하려고 시도하는 것보다 훨씬 더 나은 모델을 구축할 것이다. 예를 들어, "집에 있는 아기"라는 숨겨진 모델은 기저귀, 우유, 분유, 물티슈와 같은 다른 물품의 구매로 이어질 수 있다. 그러므로 이러한 제품 두 개나 세 개 사이의 규칙을 학습하려고 하는 대신에, 과거의 구매로부터 숨겨진 요인(아기)을 추정할 수 있다면, 그 물건을 구매했는지 여부에 대한 추정을 유발할 것이다.

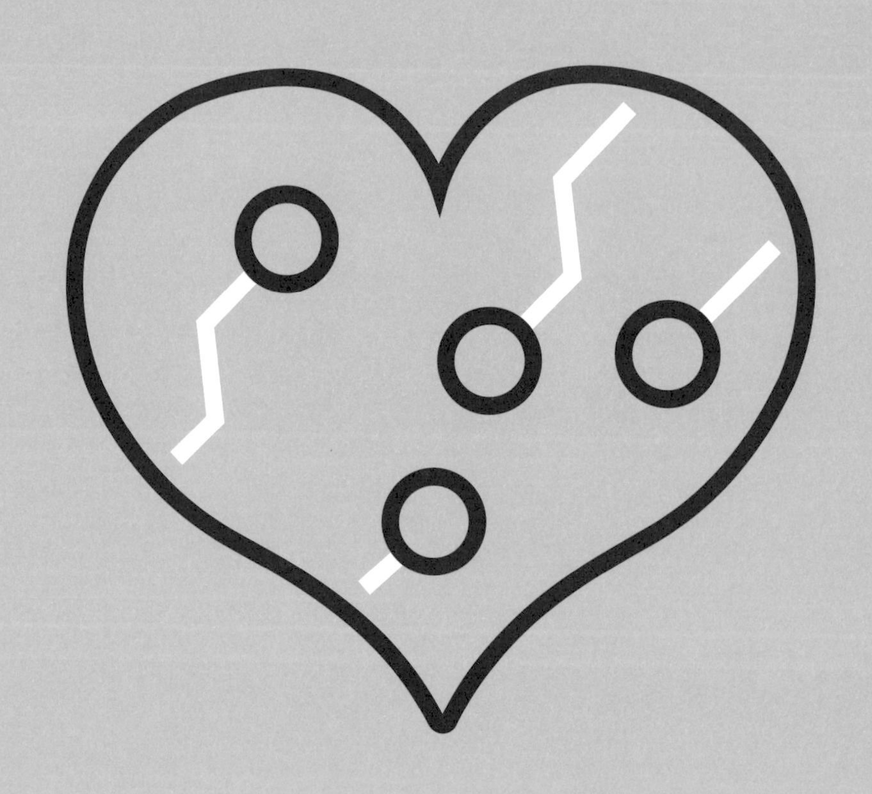

행동하는 법 학습하기

강화 학습

Reinforcement Learning

체스 두는 법을 학습하고자 하는 머신을 구축한다고 해보자. 체스판의 아군과 적군의 말의 위치를 보기 위한 카메라가 있다고 전제하자. 여기서의 목적은 두고자 하는 수를 결정해 체스에서 이기는 것이다.

이 경우에는 두 가지 이유로 지도된 러너를 사용할 수 없다. 첫 번째 이유는 각 체스판에서 최선의 수를 제시하며 체스를 지도할 교사teacher는 비용이 많이 들기 때문이다. 두 번째는 많은 경우에 최선의 수라는 것이 없을 수 있기 때문이다. 수가 얼마나 좋은지는 그다음 수에 따르고, 단일의 수는 해당되지 않는다. 연속적인 수는 이로 인해 체스에서 승리할 수 있다면 좋은 수인 것이다. 유일한 실질적인 피드백은 우리가 체스에서 승리하거나 패배할 때인 체스의 끝에서 나타난다.

또 다른 예로는 목표에 도달하기 위해 미로에 놓여 있는 로봇이 될 수 있겠다. 로봇은 사방으로 움직일 수 있으며 목표에 도달하기 위해서 여러 연속적인 움직임을 취해야 한다. 로봇이 이동하는 동안에는 피드백이 없으며, 로봇은 목표에 달성할 때까지 많이 움직여야 한다. 그렇게 움직여야 보상을 받을 수 있다. 이러한 경우에는 상대방은 없지만 더 짧은 거리를 움직이는 것을 선호할 것이며(로봇은 배터리로 가동되는 상태일 수 있다), 이는 우리가 제한적인 시간에 대한 게임을 하고 있음을 암시한다.

이러한 두 가지 응용은 여러 가지 공통점을 가진다. 에이전트agent라고 불리는 의사 결정자가 특정 환경environment에 놓여 있다(그림 6.1 참조). 첫 번째 경우에, 체스판은 게임을 하는 에이전트의 환경이다. 두 번째의 경우, 미로는 로봇의 환경이다. 어느 때에든 환경은 특정한 상태에 있으며, 이는 각각 체스판의 말의 위치 및 미로에서의 로봇의 위치를 의미한다. 의사 결정자는 몇 가지 행동의 집합을 취할 수 있다. 그 행동의 집합은 체스판 위에서 둘 수 있는 몇 가지 합법적 이동의 수와 로봇이 어떤 장애물에 부딪히지 않은 채 다양한 방향으로 이동하는 것이다. 일단 행동이 선택되고 실행되면 상태는 변한다.

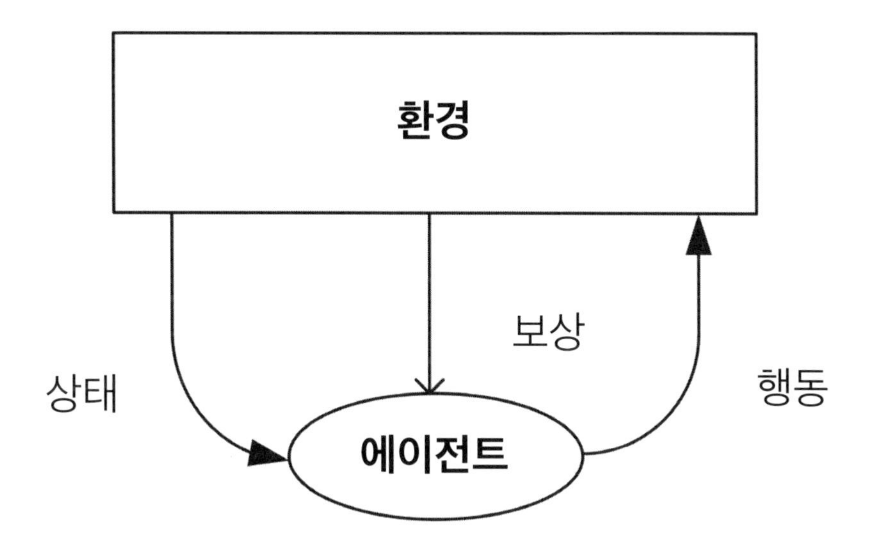

[그림 6.1] 에이전트가 환경과 상호작용하는 강화 학습을 위한 기본 설정. 환경이 어떤 상태든 에이전트는 작업을 수행하고, 행동은 상황을 변화시키며 보상을 제공하거나 제공하지 않을 수 있다.

작업에 대한 솔루션은 행동의 순서를 필요로 하며, 우리는 보상의 한 형태로 피드백을 얻는다. 학습을 어렵게 하는 것은 보상이 드물게 주어지고, 완전한 연속적인 행동을 수행하고 나서야 주어진다는 사실 때문이다. 우리는 여러 수를 두고 나서 성공할 수도 있지만 패배할 수도 있다. 에이전트는 작업을 위한 최선의 행동 순서를 학습하며, 여기에서 '최선'은 최대한 이르게 최대한의 보상을 제공하는 행동의 순서를 뜻한다. 이것은 강화 학습reinforcement learning의 설정이다.

강화 학습은 여러 가지 측면에서 이미 논의해왔던 학습 기법들과는 다르다. 이것은 지도 학습에 있어 항상 교사teacher와 함께 학습하는 것과 다르게 "비평가와 학습하기"라고 불린다. 비평가는 무슨 일을 할지를 가르치지 않고 과거에 얼마나 잘 했는지를 논한다는 점에서 교사와 다르다. 비평가는 절대로 미리 정보를 제공하지 않는다! 비평가는 피드백을 거의 제공하지 않고, 피드백을 줄 때는 늦게 준다. 이것은 신뢰 할당credit assignment 문제로 이어진다. 몇 가지 행동을 하고 보상을 받은 후에, 과거와 같이 개별적인 행동을 평가하고 보상으로 이어진 행동을 발견해 이를 기록하고 나중에 떠올리려 한다.

실제로 강화 학습 프로그램은 중간 상태나 행동에 대한 내부적인 가치internal value를 창출해 목표를 달성하고, 실제 보상을 받는 데 있어 얼마나 효과적인지를 평가한다. 그러한 내부적인 보상 메커니즘을 학습했다면 에이전트는 로컬 행동으로 이를 최대화할 수 있다. 작업에 대한 솔루션은 점진적으로 가장 높은 실제 보상을 생성하도록 선택된 행동 시퀀스를 필요로 한다.

우리가 논했던 이전 시나리오와는 달리, 여기서는 훈련 데이터를 제공하는 외부 과정이 없다. 환경 내에서 새로운 행동을 시도하고 보상의 형태로 피드백을 받아 (아니면 보상을 받지 못하든) 데이터를 활발하게 생성하는 것은 에이전트다. 에이전트는 이 피드백을 사용해 지식을 업데이트해 가장 높은 보상이 돌아오는 행동을 하는 법을 배운다.

케이 암드 밴딧

K-Armed Bandit

간단한 예시부터 시작하겠다. 케이 암드 밴딧K-armed bandit은 K개의 레버를 가지는 가상의 슬롯머신이다(Multi-Armed Bandit의 약자인 MAB라고도 불리며 어원은 One-armed bandit, 즉 '외팔이 날강도'라는 슬롯머신을 비유한 속어에서 유래한 것이다. 한 개의 레버arm가 달린 기계가 돈을 어마어마하게 가져가는 슬롯머신을 레버가 여러 개 달린 것으로 변형하여 만든 이론-옮긴이). 레버 중 하나를 선택해 당겨 특정 액수의 돈을 따내는 것이 주된 동작이며, 이것은 레버(동작)와 관련된 보상이다. 그 작업은 보상을 최대화하기 위해서 어떤 레버를 당길지를 결정하는 것이다.

이것은 우리가 K 중 하나를 선택하는 분류의 문제다. 만약 이것이 지도 학습이라면 교사는 올바른 클래스, 즉 최대의 수익으로 이어지는 레버를 알려줄 것이다. 이 강화 학습의 사례에서 우리는 다른 레버들을 시도해보고 최고의 레버가 무엇인지 추적할 수밖에 없다.

모든 레버의 초기 추정치는 0이다. 환경을 탐구하기 위해 임의로 하나의 레버를 선택해 보상을 받을 수 있다. 만약 그 보상이 0보다 더 높다면 그 행동에 대한 내부적인 보상 추정치로 바로 저장할 수 있다. 그리고 레버를 다시 선택해야 한다면 그 레버를 계속 당겨 긍정적인 보상을 받을 수 있다. 하지만 또 다른 레버가 더 높은 보상으로 이어질 수 있으므로 긍정적인 보상의 레버를 찾고 나서도 우리는 다른 레버를 당기는 것을 시도할 것이다. 특정 방식을 고수하기 전에 다른 대안을 충분히 탐구해야 한다. 모든 레버를 시도해 필요한 것을 다 배웠다면, 최대치로 올바른 행동을 선택할 수 있다.

여기서의 설정은 보상에 결정성(동일한 입력 값에 대하여 동일한 출력 값이 행해지는 성질-옮긴이)이 있어 특정 레버에 대해 항상 동일한 보상을 받는다고 가정한다. 실제 슬롯머신에서 보상은 확률이 문제이며, 동일한 레버는 다른 시도에서 다른 보상 값이 나올 수도 있다. 그러한 경우에는 예측된 보상을 증가시키기를 원할 것이며, 특정 행동에 대한 우리의 내적인 보상 추정치는 같은 상황에서의 모든 보상의 평균치다. 이것은 특정 행동을 한 번 하는 것은 그 행동에 얼마나 많은 가치가 있는지를 학습하기에는 충분하지 않음을 뜻한다. 평균의 추정치를 계산하기 위해서는 수많은 시도를 해야 하고, 많은 관측치(보상)를 수집해야 한다.

케이 암드 밴딧K-armed bandit은 단 하나의 슬롯머신 밖에 없는 상태이기 때문에 단순화된 강화 학습에 관한 문제다. 일반적인 경우에 에이전트가 어떤 행동을 선택한다면, 이것은 보상을 받을 뿐만 아니라 그것의 상황 역시 변화시킨다. 에이전트의 다음 상태는 그 환경에서의 숨겨진 요인들 때문에 확률적일 수 있으며, 이는 같은 행동에 대해 다른 보상과 다음 상태로 이어질 수 있다.

예를 들어, 기술보다는 운에 좌우되는 게임에는 임의성이 존재한다. 특정 게임에서는 주사위를 사용하고, 카드 게임에서는 카드 뭉치에서 임의로 카드를 뽑는다. 체스와 같은 게임에서는 주사위나 카드패가 없지만 행동을 예측할 수 없는 상대방이 존재한다. 로봇 환경에서는 움직이는 방해물이나 인지를 막거나 행동을 저해하는 다른 모바일 에이전트가 있을 수 있다. 센서가 시끄럽고 엑추에이터actuator(로봇을 구동하여 힘을 발생시키기 위한 에너지를 만드는 기기-옮긴이)를 통제하는 모터가 완벽하지 않을 수 있다는 변수 역시 존재한다. 로봇은 앞으로 나아가길 원할 수 있지만 마모와 손상 때문에 왼쪽이나 오른쪽으로 치우칠 수 있다. 이 모든 것은 불확실성을 도입하는 숨겨진 요인이며, 늘 그렇듯이 우리는 불확실성의 효과에 대한 평균치를 계산하기 위해 추정치를 추정한다.

케이 암드 밴딧K-armed bandit이 단순화된 데에는 또 다른 이유가 있다. 우리가 하나의 행동 이후에 보상을 받기 때문이다. 이 보상은 지연되는 것이 아니며 즉각적으로 행동에 대한 결과를 확인할 수 있다. 체스 게임이나 방 안에서의 목표지를 찾는 것이 목표인 로봇은 보상이나 다른 피드백을 받지 못하다가 아주 나중에서야 보상을 받는다.

강화 학습에서 우리의 목적은 어떤 중간 행동이 실제 보상으로 이어지는 것이 얼마나 좋은지를 예측할 수 있는 것이다. 이것이 그 행동에 대한 내적 보상의 추정치internal reward estimate다. 원래 이 모든 행동에 대한 보상의 추정치는 우리가 아무것도 알지 못했기 때문에 0이었다. 학습할 데이터가 필요하기 때문에 어디서 특정 행동을 시도해 보상을 받을 수 있는지에 대한 탐구를 할 필요가 있는 것이다. 그러고 나서야 이 정보를 사용해 내적 추정치를 업데이트한다.

탐구를 통해 더 많은 데이터를 수집하고, 환경과 우리의 행동이 얼마나 우수한지에 대해 더 많이 배운다. 우리의 행동에 대한 보상 추정치가 충분히 우수하다고 믿을 때, 우리는 이를 이용하기 시작할 수 있다. 그리고 내적인 보상 추정치에 따라 가장 높은 보상을 유발하는 행동을 하기 시작한다. 처음에는 아무것도 알지 못했고 임의적인 행동을 시도하였다. 하지만 우리는 더 많은 것을 배우면서 임의적인 선택에서 우리의 내적인 보상 추정치로부터 영향을 받은 선택을 하여 탐구exploration에서 이용exploitation으로 나아갔다.

시간차 학습

Temporal Difference Learning

어떤 상태나 행동에 대해서 우리는 그 상태에서부터 그 행동과 함께 시작하는 예상 누적 보상을 알고 싶어 한다. 이것은 가능한 한 모든 보상과 상태에 대한 임의적인 근원에 대한 평균이기 때문에 추정치다. 두 연속적인 상태-행동 쌍의 예상 예측 보상은 벨만 방정식Bellman equation 을 통해 관련되며, 이는 다음과 같이 이후의 행동에서부터 이전의 행동까지의 보상을 지원하기 위해 사용된다.

목표로 이끄는 로봇의 최종적인 움직임을 고려해보자. 목표에 도달하면 100단위의 보상을 받는다고 해보자(그림 6.2 참조). 이제 그 바로 직전의 상태와 행동을 고려해보자. 그 상태에서 즉각적인 보상을 받지는 못했지만(왜냐하면 아직 목표로부터 한 발짝 떨어져 있었기 때문에) 100이라는 완전한 보상을 받는 행동을 한 번 더 취하였다. 그래서 그 보상은 미래에 있는 것이며 그 보상이 확실하지 않기 때문에(달리 말하면 확실히 잡은 것이 불확실한 것보다 더 높은 가치를 갖고 있다) 우리는 이 보상을 할인한다. 0.9의 인수만큼 할인한다고 치자. 즉, "손안의 새 한 마리가 나무 위의 새 두 마리만큼의 가치가 있는 것"이다. 따라서 목표에서 한 걸음 이전의 상태-행동 쌍은 90의 내적 보상을 갖고 있다고 말할 수 있다.

실제 외부 보상의 경우, 우리가 아직 목표에 도달하지 못했기 때문에 여전히 0이라는 데 주목하자. 하지만 목표로부터 딱 한 발자국만 떨어진 상태까지 도달한 것에 대해 내적으로 보상할 수 있다. 그리고 그 시퀀스 내의 모든 이전 행동에 내적인 값을 계속 부여할 수 있다. 물론, 이것은 하나의 시도를 위한 것이다. 불확실성 때문에 다른 보상을 관찰하고, 다양한 다음 상태를 겪는 이러한 모든 내적 보상 추정치의 평균치를 구해야 한다. 이것을 시간차temporal difference(TD) 학습이라고 한다. 각 상태-행동 쌍에 대한 내적 보상 추정치는 Q로 표기되며, 이를 업데이트하는 알고리즘을 Q 학습Q learning이라고 부른다.

최종 행동만이 실제 보상으로 이어짐을 주목하자. 중간 행동에 대한 모든 값은 그저 가장된 보상이다. 이것은 목표가 아니고 실제 보상으로 이어지는 행동을 찾을 수 있게 한다. 학교에서와 마찬가지로 학

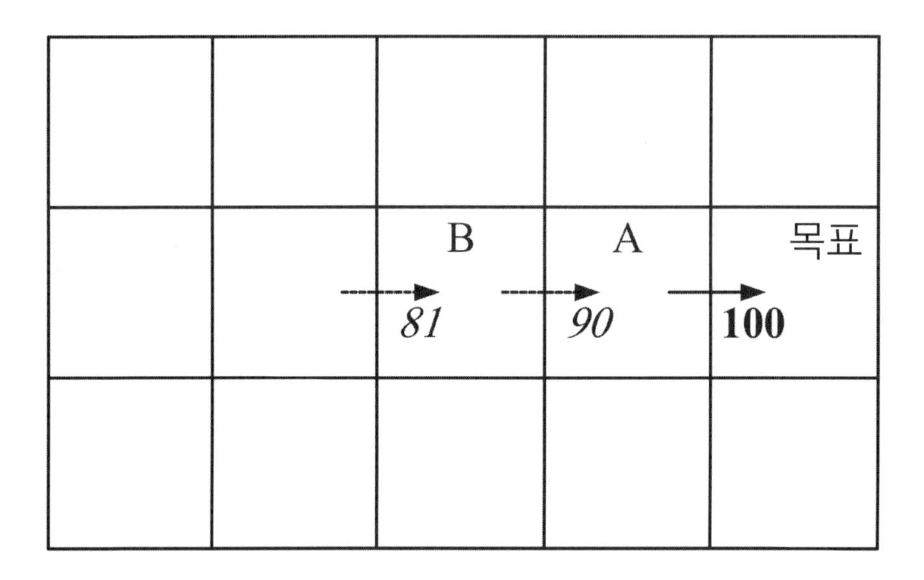

[그림 6.2] 보상 지원을 통한 시간차 학습. 우리가 A 상태에 있을 때, 우측으로 이동한다면 100의 실제 보상을 받을 것이다. 바로 그 이전의 B 상태에서 올바른 행동을 한다면(우측으로 이동하기) 추가적인 한 번의 행동으로 실제 보상을 받는 A에 도달한다. 그러므로 우측으로 이동하여 B 역시 보상을 받는다. 하지만 이것은 바로 한 단계 전이기 때문에 차감되며(여기서는 0.9의 인수로), 이것은 실제 보상이 아니라 가장된 내적 보상이다. B에서 A까지 이동하는 것에 대한 실제 보상은 0이다. 90의 내적 보상은 실제 보상에 도달하는 것에 얼마나 근접한지를 나타낸다.

생은 각기 다른 과목의 성적에 따라 성적을 받지만, 그러한 성적은 학생이 졸업할 때만 받을 수 있는 실질적인 보상이며, 사회의 생산적인 구성원이 될 때 받는 실제 보상을 가장한 보상이다.

특정 응용 프로그램에서는 환경을 부분적으로만 관찰할 수 있고, 에이전트는 정확한 상태를 알지 못한다. 이것은 관찰을 제공하는 센서를 달고 있어서 환경의 상태를 추정할 수 있게 한다. 방 안에서 이동하는 로봇이 있다고 하자. 이 로봇은 방 안의 정확한 위치나 방 안에 또 다른 것이 무엇이 있는지 알지 못할 수도 있다. 이 로봇에게는 카메라가 있지만 이미지는 환경의 상태에 대해 직접 말하지 않는다. 이미지는 그저 확률이 높은 상태에 대한 지침을 제공할 뿐이다. 예를 들면 로봇은 좌측에 장애물이 있다는 것만 알 수 있다.

이런 경우에는 관찰을 기반으로 에이전트가 그 상태를 예측한다. 아니면 더 정확하게 그 로봇은 관찰에 따라 각 상태의 확률을 예측하고 확률로 가중치를 부여한 모든 가능한 상태에 대한 업데이트를 한다. 이 추가적인 불확실성은 작업을 더 어렵게 하며 문제를 학습하는 것을 더 어렵게 한다.

강화 학습 응용

Reinforcement Learning Applications

강화 학습의 초기 응용 프로그램 중 하나는 스스로와 게임을 하면서 백개먼backgammon(두 사람이 보드 주위로 말을 움직여 상대방의 말이 움직이는 것을 막아 말을 잡아 모으는 전략 게임-옮긴이)을 하는 법을 학습하는 TD-Gammon 프로그램이다. 이 프로그램은 전문가의 수에 따라 지도를 받으며 훈련을 받은 테사우로Tesauro가 이전에 개발한 뉴로개먼NeuroGammon 프로그램보다 우수하다. 백개먼은 약 10개에서 20개의 상태를 가지는 복잡한 작업이다. 이것은 주사위를 굴림으로 인해 상대방과 무작위적인 상태를 겪는다. 시간차 학습의 버전을 사용함으로써 이 프로그램은 자기의 복제본과 1,500,000판의 게임을 하여 전문가의 수준까지 도달한다.

강화 학습 알고리즘은 지도 학습 알고리즘보다 더 느리지만, 더 많은 것을 응용할 수 있으며, 더 나은 머신러닝을 구성할 잠재력을 갖고 있음이 분명하다. 강화 학습 알고리즘은 어떠한 지도도 필요로 하지 않으며, 교사에 대한 편향이 없으므로 더 나을 수 있다. 예를 들어, 특정 상황에서 테사우로의 TD-Gammon 프로그램은 최고의 선수들이 둔 수보다 더 우월한 수를 떠올렸다.

최근의 놀라운 연구는 강화 학습을 딥러닝과 혼합해 게임을 할 수 있게 만든 것이다. 딥 Q 네트워크Deep Q Network는 스크린(이미지 해상도가 낮았던 1980년대의 게임에 있는 것)의 84*84 이미지를 직접 취해 이미지와 점수 정보만을 가지고 게임을 하는 법을 배우는 콘볼루션 신경망으로 구성되어 있다. 훈련은 끝에서 끝까지, 픽셀에서 행동으로 이어진다. 같은 알고리즘, 네트워크 구성, 그리고 하이퍼매개변수(하이퍼파라미터)와 같은 네트워크는 다수의 게임 중 그 무엇이든 학습할 수 있다. 마치 인간 플레이어처럼 게임을 할 수 있는 프로그램은 그 프로그래머가 예상하거나 기대하지 못한 흥미로운 전략을 구성한다.

최근에는 동일한 집단이 콘볼루션 네트워크convolutional networks를 강화 학습과 혼합하여 바둑을 두는 알파고AlphaGo 프로그램을 개발하였다. 인풋은 19*19 바둑판이며, 최선의 수를 선택하는 정책 네트워크와 바둑을 두는 것에 있어서 자신이 얼마나 유리한지를 평가하도록 훈련을 받은 가치 네트워크value network가 있다. 정책 네트워크는 방대하고 전문적인 바둑으로 훈련을 받았으며, 자기 자신과 바둑을 두어 강화 학습을 통해 진보하였다. 알파고는 2015년도에 유럽 바둑 챔피언을 5:0으로 무찔렀으며, 2016년 3월에는 세계 최고의 바둑 기사를 상대로 4:1로 승리를 거두었다.

이러한 접근법을 더 복잡한 인풋과 더 큰 행동이 있는 복잡한 시나리오로 확대하는 것은 강화 학습에서 최근에 대두되는 논점이다. 이러한 시스템은 가장 중요하다. 또한 놀랍게도 훈련을 끝에서 끝으로 행동에 대한 처리되지 않은 인풋 없이, 그리고 두 부분 사이의 사이의 중간 표현 없이도 인지와 행동을 한다는 장점을 가진다. 예컨대, 체스의 경우에는 체스판이 바둑판과 달리 더 작지만 모든 말이 동등하지 않으므로 같은 접근법을 적용하는 것은 어려울 수 있다.

또한 이러한 끝에서 끝으로의 훈련이, 중간 처리나 표현을 데이터로부터 자동적으로 학습하는 작업에서 사용될 수 있는지를 살피는 것은 흥미로운 일이 아닐 수 없다. 예를 들어, 영어로 말하면 상대방이 이 말을 프랑스어로 들을 수 있는 번역 앱을 탑재한 스마트폰을 상상할 수 있다.

강화 학습 알고리즘은 지도 학습 알고리즘보다 더 느리지만, 더 많은 것을 응용할 수 있으며, 더 나은 머신러닝을 구성할 잠재력을 갖고 있음이 분명하다. 강화 학습 알고리즘은 어떠한 지도도 필요로 하지 않으며, 교사에 대한 편향이 없으므로 더 나을 수 있는 것이다. 예를 들어, 특정 상황에서 테사우로의 TD-Gammon 프로그램은 최고의 선수들이 둔 수보다 더 우월한 수를 떠올렸다.

우리는 여기서 어디로 가야 하는가?

스마트하게, 그리고 학습할 수 있도록 만들자

Make Them Smart, Make Them Learn

머신러닝은 이미 유망한 기술임을 자체적으로 입증해 왔으며, 매일 점점 더 많은 영역에서 응용되고 있다. 데이터로부터 수집을 하고 학습하는 경향은 가까운 미래에는 더 강력하게 지속될 것이다. 데이터의 분석은 과학자들이 다른 과학 분야에서 수백 년 동안 계속 해온 것처럼 과거 데이터의 처리 과정을 이해할 수 있게 하며, 미래에 이러한 과정의 행동을 예측할 수 있게 한다.

수십 년 전에, 컴퓨터의 하드웨어는 한 번에 하나씩 마이크로프로세서를 진보시켰다. 처음 크기는 8, 그다음에는 16, 그다음에는 32비트의 모두 새로운 마이크로프로세서는 단위 시간마다 더 많은 계산을 하고, 좀 더 많은 메모리를 사용할 수 있었으며, 이것은 좀 더 나은 컴퓨터의 탄생으로 이어졌다. 이와 유사하게, 컴퓨터 소프트웨어는 한 번에 하나의 프로그래밍 언어를 진보시켰다. 각각의 새로운 언어는 새로운 유형의 계산을 쉽게 프로그래밍할 수 있게 만들어 주었다. 컴퓨터를 수치 처리에 사용할 때에는 포트란Fortran(과학 기술 계산을 하기 위해 쓰이는 프로그램 언어로, 프로그래머가 수학적 공식으로 계산할 수 있도록 한 언어-옮긴이)을 사용하였다. 비즈니스 분야에서 컴퓨터를 응용할 때에는 코볼Cobol(사무 처리용 고수준 프로그램 언어-옮긴이)을 사용하였다. 나중에 컴퓨터가 온갖 종류의 더 복잡한 정보를 처리하는 데 사용되기 시작했을 무렵에 그 조작이 가능한 특수 알고리즘과 함께 더 복잡한 데이터 구조를 정의하도록 해주는 객체 지향 언어를 개발하게 되었다.

그리고 나서 컴퓨팅은 운영체제를 하나씩 진보시키기 시작하였다. 각각의 새로운 버전은 컴퓨터를 더 쉽게 사용할 수 있도록 해주었으며 새로운 응용을 지원하였다. 요즘 컴퓨터는 스마트 기기 혹은 하나의 스마트 앱을 하나씩 발전시키고 있다. 과거에는 컴퓨팅의 진보를 정의내린 핵심 인물이 하드웨어 디자이너였다면, 그다음에는 소프트웨어 엔지니어가 되었고, 그다음에는 컴퓨터 앞에 앉아있는 사용자가 되었으며, 지금은 무엇이든 하고 있는 일반적인 사람으로 변화하였다.

아무도 이제 새로운 마이크로프로세서를 기다리지 않으며, 새로운 프로그래밍 언어나 새로운 버전의 운영체제에도 관심을 갖지 않는다.

디자이너나 새로운 기기나 앱이 스마트해지는 법을 학습하기 때문에 우리는 새로운 스마트 기기나 앱을 기다린다.

우리는 삶의 점점 더 많은 부분을 디지털 영역에 투영하고 있으며, 결과적으로 더 많은 데이터를 생성하고 있다. 개인 컴퓨터를 위한 초기 하드디스크는 5메가바이트의 용량을 가졌었다. 이제 일반적인 컴퓨터는 500기가바이트의 용량을 가진다. 이것은 약 30년 전의 저장 능력에 비해 50만 배 더 높은 저장 용량이다. 상당히 큰 데이터베이스가 이제 수백 테라바이트를 저장하며, 우리는 이미 페타바이트 단위를 사용하기 시작하였다. 곧 1,000페타바이트나 100만 테라바이트의 다음 단위인 엑사바이트를 사용할 것이다. 저장 용량의 증가와 더불어 프로세싱 역시 더 빨라졌으며, 컴퓨터 칩과 동시에 운영되는 수천 개의 프로세서를 포함한 병렬 구조를 제공하는 기술의 진보 덕분에 큰 문제의 한 부분을 해결하였다.

다목적 개인용 컴퓨터에서 전문적인 스마트 기기로 이동하는 경향 또한 가속될 것이다. 우리는 1장에서 과거의 조직이 사용한 컴퓨터 센터가, 어떻게 상호 연결된 수많은 컴퓨터들과 기억장치를 갖춘 분산 방식으로 변화되었는지에 대해 논하였다. 지금은 이와 유사한 변화가 단일 사용자에게 일어나고 있다. 개인은 더 이상 모든 데이터를 저장하고 모든 처리를 하는 하나의 개인용 컴퓨터를 보유하지 않으며, 데이터를 "클라우드cloud"라고 불리는 멀리 떨어진 데이터 센터에 저장하여 필요할 때마다 접근해 사용할 수 있는 스마트 기기를 사용한다.

우리가 클라우드라고 부르는 것은 모든 컴퓨팅의 요구사항을 다루는 가상 컴퓨터 센터다. 우리는 프로세싱이 어디에서, 어떻게 이루어지는지, 또는 데이터에 접근할 수 있는 이상 데이터가 어디에 저장되는지에 대해 걱정할 필요가 없다. 이것은 전력 생성기와 소비자로 구성된 전자 그리드로부터 이름을 따온 그리드 컴퓨팅grid computing이라고 불렸다. 소비자로써 우리는 전기가 어디에서 오는지는 신경 쓰지 않고 근처 콘센트에 TV를 꽂았다.

이것은 또한 더 넓은 대역폭을 시사한다. 음악과 비디오를 스트리밍하는 것은 오늘날 이미 기술적으로 가능한 일이다. 우리가 책장에 보관하는 CD와 DVD는 (이것 역시 아날로그 LP와 비디오테이프를 대체한 것들이다) 이제 쓸모가 없어졌으며, 모든 노래와 영화를 저장하는 것은 투명한 정보원으로 대체되었다. 전자책E-book과 디지털 구독 서비스는 인쇄된 책과 서점을 대체하고 있으며, 검색 엔진은 두꺼운 백과사전을 창문을 괴어놓는 용도에나 사용하게 만들었다.

스마트 기기를 통해 수백만 명의 사람들은 더 이상 같은 노래/음악/책을 직접 보관할 필요가 없어졌다. 오늘날의 모토는 "사지 말고 빌리자!"이다. 필요할 때 접근할 수 있는 스마트 기기나 앱, 구독 서비스, 아니면 대역폭을 구매하도록 하자.

이러한 변화와 접근의 용이성은 제품을 “패키징”하여 판매할 수 있는 새로운 방식을 제안한다. 예컨대, 과거 LP와 CD는 몇 개의 노래로 구성된 앨범 역할을 하였다. 이제는 노래를 한 곡씩 빌리는 것이 가능해졌다. 또한 소설집을 구매하지 않고도 단편소설을 구매하는 것이 가능해졌다.

5장에서 우리는 추천 시스템에서의 머신러닝 활용에 대해 논했다. 더 많은 데이터가 공유되고 스트리밍되며, 분석해야 할 데이터는 더 많아질 것이고, 그 데이터는 더 세밀해질 것이다. 예를 들어, 우리는 이제 특정 개인이 어떤 노래를 얼마나 많이 들었는지, 혹은 특정 소설을 얼마나 많이 읽었는지를 알 수 있으며, 이러한 정보는 개인이 그 제품을 얼마나 좋아했는지에 대한 측정의 역할을 할 수 있다.

모바일 기술의 진보와 함께 웨어러블 기기에 대한 관심이 지속되고 있다. 대표적 웨어러블 기기인 스마트폰은 이제 전화 그 이상의 것이다. 이것은 시계나 안경과 같이 더 작은 스마트 “사물들”의 중재자로서 역할을 한다. 가까운 미래에 전화기는 훨씬 더 스마트해질 수 있다. 예를 들어, 여러분이 실시간 번역 앱을 장착한 채 여러분의 언어로 말하면, 상대방은 그것을 통사적이고 의미론적으로 올바를 뿐만 아니라 정확한 어조와 억양으로 이루어진 여러분의 목소리로 된 자기의 언어로 들을 수 있을 것이다.

머신러닝은 우리가 점점 더 복잡해지는 세상을 이해할 수 있도록 도와줄 것이다. 우리는 이미 감각으로 대처할 수 있거나 뇌가 처리할 수 있는 것보다 더 많은 데이터에 노출되어 있다. 온라인에서 이용 가능한 온라인 리포지터리repository(프로그램이나 데이터 등 각종 자원을 모아두고 서로 공유할 수 있게 한 정보 저장소-옮긴이)는 오늘날 방대한 양의 디지털 텍스트를 포함하는데, 이것이 너무 크기 때문에 수동적으로는 처리할 수가 없다. 이 목적을 위하여 머신러닝을 사용하는 것을 머신 리딩machine reading이라고 한다.

우리는 그저 키워드만 사용하는 것보다 더 스마트한 검색 엔진을 필요로 한다. 오늘날 정보는 다른 정보원이나 매체에 분포되어 있으므로 이것들을 모두 질의query하고 지능형 방식으로 반응을 통합해야 한다. 이처럼 다른 정보원들은 다른 언어로 되어 있을 수 있다. 예를 들어, 프랑스어로 된 정보원은 심지어 질의가 영어임에도 불구하고 주제에 대해 더 많은 정보를 포함하고 있을 수 있다. 질의는 이미지나 비디오 데이터베이스에서의 검색을 유발할 수도 있다. 그리고 전체적인 결과는 사용자가 소화할 수 있을 정도로 요약되고 압축된 상태여야 한다.

웹 스크래핑Web scraping은 프로그램이 자동적으로 웹을 서핑해서 웹페이지들로부터 정보를 추출하는 과정이다. 이러한 웹 페이지는 소셜 미디어가 될 수 있으며, 누적된 정보는 학습 알고리즘에 의해 분석될 수 있다. 예컨대, 유행하는 주제들을 추적하는 것, 그리고 제품 및 선거철의 정치인과 같은 인물에 대한 감정, 의견, 믿음을 탐지하는 것이다. 머신러닝이 소셜 미디어에서 사용되는 또 다른 중요한 연구 분야는 연결된 사람들의 "소셜 네트워크"를 파악하는 것이다. 그러한 네트워크를 분석하는 것은 우리가 생각이 비슷한 개인 집단을 찾거나 소셜 미디어에서 정보가 어떻게 전파되는지를 추적할 수 있도록 해준다.

최근의 연구 방향 중 하나는 데이터를 수집하고 처리하는 능력과 이를 다른 온라인 기기와 공유하는 스마트함을 안경이나 시계와 같은 전통적인 웨어러블 제품을 포함한 온갖 종류의 도구와 기기에 탑재하는 것이다. 더 많은 기기가 스마트해진다면 분석하고 의미 있는 추론을 할 수 있는 데이터가 더 많이 생길 것이다. 다른 기기와 센서는 작업의 다른 측면을 수집한다. 그러므로 우리가 이렇게 다양한 양상들을 어떻게 혼합하고 통합할 것인가가 중요하다. 이것은 학습 알고리즘을 사용할 수 있는 모든 종류의 새롭고 흥미로운 시나리오와 애플리케이션을 시사한다.

스마트 기기는 직장과 가정, 모두에서 우리를 도와줄 수 있다. 머신러닝은 최소한의 지도supervision와 최대한의 사용자 만족도로 시스템을 운용할 수 있도록 하기 위해 환경을 학습하고 사용자들에게 적응할 수 있는 시스템의 구축을 도와준다.

중요한 작업이 스마트 카smart car 분야에서 이루어지고 있다. 온라인 상태에 있는 차량(혹은 버스, 트럭 등)은 승객들이 온라인에 접속할 수 있게 해주며 디지털 인포테인먼트infotainment 시스템에서 비디오를 스트리밍하는 것처럼 모든 유형의 온라인 서비스를 전달할 수 있다. 또한 온라인 상태의 차량은 정비를 위한 데이터를 교환하고, 도로 및 날씨 상황에 대한 실시간 정보에 접근할 수도 있다. 만약 여러분이 어려운 조건에서 운전을 하고 있다면 1마일 앞서 있는 차량이 1마일 앞서 있는 센서의 역할을 할 수 있다.

하지만 온라인 상태에 있는 것보다 더 중요한 것은 차량이 자율적으로 운전하는 것을 도와줄 만큼 충분히 스마트해질 때다. 자동차에는 이미 크루즈 운전, 자체 주차 및 차선 유지를 위한 보조 시스템이 내장되어 있지만 곧 더 많은 것들을 할 수 있을 것이다. 그 궁극적인 목적은 차량이 완전히 스스로 운전할 수 있는 것이며, 오늘날 이미 그러한 자동 차량의 프로토타입이 개발되었다.

운전자(사람)의 시각계는 아주 높은 해상도를 가지고 있지 않으며 오직 앞만 볼 수 있다. 인간의 시야가 사이드미러와 백미러로 약간 확장되긴 했지만, 여전히 맹점은 남아있다. 반면, 자율주행 자동차self-driving car는 모든 방향에서 더 높은 해상도의 카메라를 갖고 있으며, GPS와 초음파 혹은 야간 투시경과 같이 인간에게는 없는 센서를 사용하거나 거리를 측정하기 위해 레이저를 사용하는 특수한 종류의 레이더인 LIDAR를 탑재할 수 있다. 또 스마트 카는 날씨와 같은 모든 종류의 추가적인 정보에 훨씬 더 빠르게 접근할 수도 있다. 전자 운전자electronic driver는 반응 시간 역시 훨씬 더 짧아질 것이다.

자율주행 자동차는 더 원활한 운전, 더 빠른 통제, 그리고 더 높은 연료 효율성으로 이어질 뿐만 아니라 보행자, 자전거를 타는 사람, 교통 표지판 등에 대한 자동 인식에 스마트 센서를 등장시킬 것이다. 여기서 머신러닝이 중대한 역할을 하게 된다. 자율주행 자동차는 더 빠르고 더 안전해질 것이다. 그러나 아직 남은 문제들이 있다. 레이저와 카메라가 나쁜 날씨 조건에서(비나 눈이 오거나 안개가 자욱할 때) 아주 효과적이지는 못하기 때문에 스마트 카가 모든 유형의 기후 조건 하에서 운전할 수 있을 정도까지 기술이 진보해야 한다.

자율주행 자동차와 로봇 택시는 다음 10년 동안 도시와 고속도로를 지배하고 교통의 일부가 될 것이다(처음에는 지정 차선으로만 다닐 수 있을지도 모르지만). 다음 10년 동안 언젠간 차량과 드론이 혼합하여 혼자 조종하여 날아다니는 차량이 생겨나 머신러닝으로 다루는 작업을 할 수 있을지도 모르겠다.

머신러닝은 작업을 직접 프로그래밍할 필요 없이 명쾌하게 학습할 수 있다는 기본적인 장점을 가진다. 우주까지도 머신러닝을 위한 새로운 국경이 될 것이다. 미래의 우주 탐사 임무는 무인화될 가능성이 높다. 이전에는 그렇게 스마트하고 다재다능한 기계가 없었기 때문에 인간을 우주로 보내야만 했다. 하지만 오늘날 우리에게는 그러한 일들을 할 수 있는 로봇이 있다. 만약 인간이 탑승하지 않는다면 짐은 더 가볍고 단순해질 것이며 그 짐을 지구로 다시 가져올 필요도 없다. 만약 로봇이 아무도 가지 못했던 곳에 용감하게 가게 된다면, 그것은 오로지 학습 로봇만이 가능한 일이다.

고성능 계산

High-Performance Computation

더욱 방대해지는 데이터로 인하여 우리에게는 더 높은 용량과 더 빠른 접근을 할 수 있는 저장 시스템이 필요하다. 프로세싱 능력은 필연적으로 증가할 것이므로 더 많은 데이터가 적절한 시간 내에 처리될 수 있을 것이다. 이것은 많은 데이터를 저장할 수 있고 아주 빠르게 많은 계산을 할 수 있는 고성능 컴퓨터 시스템의 필요성을 시사한다.

빛의 속도나 원자의 크기와 같은 물리적인 제한이 존재하며, 이는 전송 속도에 대해 더 높은 제한과 기본적인 전자의 크기에 대한 낮은 제한을 제시한다. 이것에 대한 분명한 해결책은 병렬 처리다. 만약 병렬로 된 8줄의 선이 있다면, 8개의 데이터 항목을 동시에 전송할 수 있을 것이다. 또 만약 8개의 프로세서가 있다면 그 8개의 항목을 단 하나를 처리할 시간에 처리할 수 있을 것이다.

요즘에는 병렬 처리(신속한 작업을 위해 한 컴퓨터 내에 복수의 처리 장치가 실행되는 것-옮긴이)가 컴퓨터 시스템에서 정기적으로 사용되고 있다. 최근에는 수천 개의 프로세서를 동시에 실행시키는 강력한 컴퓨터들이 사용되고 있다. 또한 단일의 컴퓨팅 요인과 다수의 "코어"를 갖고 있을 때 단순한 계산을 동시에 해 하나의 물리적인 칩에 병렬 프로세싱을 적용하는 다중 코어 multicore 기계 역시 존재한다.

그러나 고성능 계산high-performance computation은 단지 하드웨어만의 문제가 아니다. 다른 분야의 계산과 데이터를 매우 큰 수의 프로세서의 저장 기계에 효율적으로 분포시킬 수 있는 우수한 소프트웨어 인터페이스 역시 필요하다. 빅 데이터에 대한 병렬 및 분포 계산을 위한 소프트웨어와 하드웨어는 컴퓨터 과학 및 공학에서 중요한 연구 분야다.

머신러닝에서는 학습 알고리즘의 병렬화가 점점 더 중요해지고 있다. 모델은 다른 컴퓨터의 또 다른 데이터 부분에 대해 병렬로 훈련할 수 있으며, 이러한 모델을 합병할 수 있다. 또 다른 가능성은 단일 모델의 프로세싱을 다수의 프로세서에 분포시키는 것이다. 예를 들어, 다수의 층에 분포해 있는 수천 개의 단위로 구성된 심층 신경망으로, 다른 프로세서는 다른 층이나 층의 부분집합을 실행할 수 있으며, 스트리밍 데이터를 파이프라인 방식으로 더 빠르게 처리할 수 있다.

그래픽처리장치(graphical processing unit(GPU)는 원래 비디오 게임 콘솔과 같은 그래픽 인터페이스에서 이미지를 빠르게 처리하고 전송하기 위해 만들어졌다. 하지만 그래픽을 위해 사용된 병렬 계산과 전송의 유형은 이것을 많은 머신러닝 작업에도 적합하도록 만들어왔다. 실제로, 이러한 목적을 위해 특수 소프트웨어 라이브러리가 개발되고 있는 중이며, GPU는 다양한 머신러닝 응용 분야에서 연구자들과 실무자들에 의해 효과적이고 빈번하게 사용되고 있다.

머신러닝 응용에서도 역시 클라우드 컴퓨팅cloud computing을 향한 경향을 확인할 수 있다. 사람들은 필요한 하드웨어를 구매하고 유지하는 대신에 멀리 떨어져 있는 데이터 센터data center의 사용권을 빌린다. 데이터 센터는 많은 프로세서와 방대한 저장 공간을 가지고 있는 수많은 컴퓨터 서버들을 보관하고 있는 물리적인 장소다. 일반적으로, 다른 지역들에는 다수의 데이터 센터가 있으며, 이곳들은 모두 네트워크상에서 연결되어 있다. 그리고 작업은 자동적으로 분배되고 한쪽에서 다른 쪽으로 이동하므로 다른 고객들, 다른 시간대, 그리고 다른 크기에 따르는 부담이 균형을 이루도록 한다. 이 모든 요건들은 오늘날 중요한 연구를 촉진시켜 준다.

클라우드의 중요한 용도는 스마트 기기, 특히나 모바일 스마트 기기의 역량을 확장시키는 것이다. 이러한 온라인 상태의 저용량 기기는 어디에서나 클라우드에 접근해 데이터를 교환하거나 지역적으로 수행하기에는 너무 크거나 복잡한 계산을 한다. 스마트폰에서의 음성 인식을 생각해보자. 전화가 음향 데이터를 포착하고 기본적인 특징을 추출해 이를 클라우드에 보낸다. 실제 인식은 클라우드에서 이루어지고 결과를 전화기로 다시 돌려보낸다.

컴퓨팅에는 두 가지의 아주 유사한 경향이 있다. 하나는 데이터 센터의 서버에서 사용되는 컴퓨터와 같이 다른 작업을 위해 프로그래밍할 수 있는 일반 목적 컴퓨터를 구축하는 것이다. 또 다른 하나는 특정 작업에 대해 특수화된 컴퓨팅 기기를 지어 특수한 인풋과 아웃풋을 패키징하는 것이다. 후자는 과거에는 임베디드 시스템embedded system이라고 했지만 요즘에는 사이버-물리 시스템cyber-physical system이라고 부르며 그것들이 상호작용하는 물리적인 세상에서도 작동함을 강조한다.

특정 시스템은 다수의 기기들(이것들 중 일부는 모바일 기기일 수 있다)로 구성될 수 있으며, 네트워크상에서 상호 연결된 상태다. 예를 들어 자동차, 비행기, 혹은 집은 각각 다른 작업을 위한 다수의 기기들을 포함하고 있을 수 있다. 그러한 시스템을 스마트하게 만드는 것, 즉 사용자를 포함하는 특정 환경에 적응할 수 있게 하는 것은 중요한 연구 방향이다.

데이터 마이닝

Data Mining

가장 중요한 것은 머신러닝이 데이터 마이닝 응용에 있어서는 그저 하나의 단계일 뿐이라는 것이다. 데이터 마이닝에는 데이터의 사전 준비와 그 이후 결과의 해석도 있다.

데이터로부터 정보를 추출 빛 가공하는 데이터 마이닝을 위해 준비해야 할 사항에는 몇 가지 단계가 포함된다. 첫째로, 많은 영역의 대규모 데이터베이스가 관심을 가지는 부분을 선택해 작업할 작은 데이터베이스를 구성한다. 데이터가 다른 다수의 데이터베이스로부터 나오기 때문에 이를 통합할 필요가 있을 수도 있다. 세부사항의 정도 역시 다를 수 있다. 예를 들면, 운영 데이터베이스로부터는 일간 합계를 추출해 개별 거래가 아닌 그 값을 사용할 수 있다. 처리하지 않은 데이터는 오류를 포함하거나 일관성이 부족할 수 있으며, 그 일부가 없을 수도 있다. 이것은 전처리 단계에서 사전에 다루어야 한다.

추출 이후의 데이터는 우리가 분석을 수행하는 데이터 창고에 저장된다. 데이터 분석의 한 가지 종류는 가설을 세우고("맥주를 구매하는 사람들은 안주도 구매한다") 데이터가 그 가설을 지원하는지를 확인하는 매뉴얼이다. 이제 그 데이터는 스프레드시트의 형태 안에 있다. 열은 데이터 인스턴스(한 묶음)이고 행은 속성(제품)을 나타낸다. 데이터를 개념화하는 한 가지 방법은 차원이 곧 속성이 되는 다차원의 데이터 큐브multidimensional data cube의 형태에 있으며, 데이터 분석 작업은 큐브에 대한 작업으로 정의된다. 이와 같은 데이터의 매뉴얼 분석과 결과의 시각화는 온라인 분석 처리online analytical processing(OLAP) 도구에 의해 쉽게 수행된다.

OLAP는 인간에 의해 조종되며, 오직 우리가 상상할 수 있는 가설만 시험할 수 있다는 점에서 제한적이다. 예를 들어, 장바구니 분석 도구의 맥락에서는 거리가 떨어진 한 쌍의 제품 사이의 관계를 찾을 수가 없다. 이러한 발견은 데이터에 따른 분석을 필요로 하며 머신러닝 알고리즘으로 수행된다.

앞에서 다룬 분류, 회귀, 클러스터링 등의 기법 중 어느 것이든 사용하여 데이터로부터 모델을 구축할 수 있다. 일반적으로 데이터는 학습 집합training set과 검증 집합validation set의 두 가지의 부분으로 나눈다. 학습 집합으로 모델을 훈련시키고 검증 집합에서는 그것의 예측 정확도를 측정한다. 우리는 훈련에 사용되지 않은 인스턴스들을 시험함으로써 훈련된 모델이 나중에 실생활에서 사용된다면 얼마나 효과적일지 예측하기를 원한다. 검증 집합의 정확도는 훈련된 모델을 받아들이거나 거부하는 데 있어서 주요 기준 중 하나다.

특정 머신러닝 알고리즘은 블랙박스 모델black box model을 학습한다. 예를 들어, 신경망의 경우, 인풋이 주어지면 네트워크는 아웃풋을 계산하지만 그 중간층에서 무엇이 일어나는지는 이해하기가 어렵다. 반면, "만약-그렇다면if-then" 규칙이 의사결정 트리에 따라 해석이 가능한 것으로 여겨진다면 그러한 규칙들은 응용을 알고 있는 사람들에 의해 확인되고 평가될 수 있다(그들이 머신러닝을 알지 못할 수 있지만 말이다). 신용평가와 같은 수많은 데이터 마이닝 시나리오에서 전문가들에 의한 지식 추출과 모델 평가 과정은 데이터로부터 훈련된 모델을 검증하는 것에 있어서 중요하고 필요한 과정일 수 있다.

시각화 도구들 역시 여기서 도움이 될 수 있다. 사실, 시각화는 데이터 분석을 위한 최고의 도구 중 하나로, 때때로 데이터를 스마트한 방법으로 바로 시각화하는 것은 복잡한 데이터 집합의 기초가 되는 처리의 특징들을 이해하는 데 유용하다. 여기에 더 복잡하고 비용이 많이 드는 통계적 처리는 필요하지 않다. 케이티 보너Katy Borner가 이 분야의 대표적 연구자이다.

우리에게 더 많은 데이터와 더 커다란 컴퓨터 사용 능력이 생겼으므로 더 복잡한 시나리오에서 숨겨진 관계를 발견하고자 하는 더 복잡한 데이터 마이닝 작업을 시도할 수 있다. 오늘날 대부분의 데이터 마이닝 작업은 하나의 데이터 정보원을 사용하는 하나의 분야에서 이루어진다. 다른 양상을 가진 다른 정보원의 데이터가 있는 인스턴스는 특히나 흥미롭다. 그러한 데이터를 마이닝해서 정보원과 양상의 의존성을 찾는 것은 유망한 연구 방향이다.

데이터 프라이버시와 보안

Data Privacy and Security

많은 데이터를 가지고 있을 때, 그 데이터를 분석하는 것은 가치 있는 결과로 이어질 수 있다. 또한 역사적으로 데이터 수집과 분석은 의학에서 천문학까지 수많은 영역에서 인류를 위한 유의미한 발견을 가져왔다. 현재 널리 사용되고 있는 디지털 기술은 다양한 새로운 분야에서 데이터를 빠르고 정확하게 수집하고 분석할 수 있도록 해준다.

더 방대하고 세밀한 데이터와 더불어 오늘날의 중대한 요점은 데이터 프라이버시data privacy와 보안이다. 사람들의 프라이버시를 침해하지 않고 데이터를 어떻게 수집하고 처리할 수 있을 것이며, 데이터가 원래의 의도와 다르게 사용되지 않음을 어떻게 확인한다는 말인가?

우리는 사회에서 개인이 보건 및 안전과 같은 영역에서의 데이터 수집과 분석을 인지하기를 기대한다. 그리고 심지어 소매업과 같이 덜 중대한 분야에서도 사람들은 늘 자신의 취향과 선호도에 맞춘 서비스와 제품을 높이 평가한다. 그럼에도 불구하고 어느 누구도 자신의 개인적인 삶이 침해당하는 것은 원치 않을 것이다. 예를 들어, 스마트 기기는 우리의 삶을 세밀하게 기록해 우리의 동의 없이는 이를 다른 곳에 제공하지 말아야 할 것이다.

기본적인 필수사항은, 데이터를 생성하는 사람이 어떤 데이터가 어떻게 생성되는지, 그 중 어느 부분이 저장되는지, 데이터를 어떠한 목적으로 분석할지, 그리고 그 목적이 무엇인지 알아야 한다는 것이다. 회사는 수집하고 분석하는 데이터에 완전히 투명해야 한다.

데이터의 소유주는 데이터를 수집 및 사용하는 동안 항상 이를 알고 있어야 한다. 분석 전에 데이터를 처리해 모든 개인적인 세부사항을 숨겨 익명화해야 한다. 데이터를 익명화하는 것은 간단한 과정이 아니다. 예컨대, 인간에 대한 기록의 경우 이름이나 주민등록번호와 같은 고유 식별 정보를 제거하는 것만으로는 충분하지 않다는 것이다. 생일이나 우편번호와 같은 영역이 부분적인 힌트를 제공하며, 그것들을 조합함으로써 개인을 식별할 수 있다.

데이터가 가치 있으면서도 필요한 처리가 되지 않은 자원이 되어가고 있으므로, 데이터를 수집하는 사람은 데이터의 보안을 유지하기 위해 필요한 조치를 모두 취하고, 데이터 소유주의 명시적인 동의 없이는 데이터를 타인과 공유하지 않는 것이 마땅하다.

개인은 데이터를 완전히 통제할 수 있어야 한다. 개인은 언제나 자신의 어떤 데이터가 수집되었는지 확인하기 위한 수단을 가지고 있어야 한다. 또한 데이터의 수정이나 완전한 제거를 요청할 수 있어야 한다.

최근의 연구 흐름은 프라이버시를 보호하는 학습 알고리즘privacy-preserving learning algorithms에 있다. 다양한 정보원으로부터 데이터를 수집하고 (예를 들면, 특정 질병으로 고통 받는 환자는 다양한 국가에 분포되어 있을 수 있다) 이러한 데이터를 (개별 환자에 대한 상세한 정보를) 중심 사용자에게 넘겨 혼합한 데이터로 모델을 훈련시키는 것을 원치 않는다고 해보자. 이러한 경우 한 가지 방법은 충분히 익명화된 방법으로 데이터를 공유하는 것이다. 또 다른 방법은 다른 부분으로 다른 모델을 훈련시켜 훈련된 모델들을 공유하거나 별도로 훈련된 모델들을 통합하는 것이다.

데이터 프라이버시 및 보안에 대한 이러한 우려는 모든 데이터 분석 시나리오의 중요한 부분이 되어야 하며, 어떠한 러닝이 실시되기 전에 해결되어야 하는 부분이다. 데이터 마이닝은 금을 채굴하는 것과 같다. 땅을 파기 전에 필요한 허가를 받아야 한다. 미래에는 모든 데이터 집합이 소유와 허가 정보를 포함하는 메타데이터를 포함한 데이터 처리 기준이 있을 것이다. 그렇다면 학습하는 머신이나 데이터 분석 소프트웨어가 이러한 정보를 확인해 필요한 허가를 받은 경우에만 수행할 것이다.

데이터 과학

Data Science

빅 데이터에 대한 머신러닝 기법의 발전과 성공, 그리고 미래 발전의 가능성은 이 산업의 연구자들과 실무자들이 이러한 노력을 새로운 과학 및 공학 분야로 명명하게 하였다. 이러한 새로운 데이터 과학data science 분야가 무엇을 다루는지에 대한 토의가 계속 이루어지고 있지만 주요한 주제는 머신러닝, 고성능 컴퓨팅, 그리고 데이터 프라이버시와 데이터 보안일 것이다.

물론, 모든 학습 응용이 클라우드나 데이터 센터, 혹은 컴퓨터 클러스터를 필요로 하는 것은 아니다. 항상 오래된 제품을 판매하기 위해 새롭고 화려한 이름을 만들어내는 회사들의 광고와 판매 선전을 주의

해야 한다. 그러나 방대한 양의 데이터가 있고 이 과정이 많은 계산을 필요로 하는 경우, 머신러닝 솔루션을 효율적으로 적용시키는 것은 중요한 문제다. 또 다른 중요한 부분은 데이터 분석 및 처리의 윤리적/법적 시사점이다. 예를 들면, 우리가 더 많은 데이터를 수집하고 분석하면 다양한 영역에서의 결정이 더 자동화되고 데이터에 따를 것이다. 그리고 우리는 그러한 자율적인 과정과 이들이 내리는 결정의 시사점을 더 인지해야 한다.

최근에 데이터의 중요성과 데이터로부터 정보를 추출하는 것이 많은 영역들에서 주목받아 왔기 때문에 미래에는 수많은 "데이터 과학자data scientist" 및 "데이터 공학자data engineer"가 필요할 것처럼 보인다. 그러한 시나리오는 전통적인 통계 응용의 특징과는 극단적으로 다른 특징을 가진다.

첫째로, 이제는 데이터가 훨씬 더 커졌다는 것이다. 슈퍼마켓 체인에서 이루어지는 모든 거래에 대해 생각해보자. 각 사례는 수천 가지의 속성을 가진다. 유전자 시퀀스를 생각해보자. 데이터는 더 이상 단순한 숫자가 아니라 글, 이미지, 음성, 영상, 순위, 빈도, 유전자 시퀀스, 감각 배열, 클릭 로그, 추천 목록 등을 포함하고 있다. 대부분의 시간 데이터는 종 모양의 가우스 곡선처럼 우리가 더 쉽게 예측을 할 수 있도록 하기 위해 통계학에서 사용하는 매개변수 전제를 따르지 않는다. 대신에 우리는 새로운 데이터를 이용하여 데이터에 따른 작업의 복잡성에 자동적으로 적용시킬 수 있는 더 유동적인 비매개변수적 모델을 사용해야 한다. 이 모든 필요조건들은 우리가 이전에 알고 사용하던 통계보다 머신러닝을 더 복잡하게 한다.

이는 이러한 추가적인 필요성을 다루기 위해 교육에서 통계학 강의를 확장시켜, 잘 알려지지 않아 지금은 충분하지 못한 예측, 가설 시험 및 회귀를 위한 일변량의 (하나의 인풋 속성을 가지는) 매개변수 기법 이상을 가르칠 필요가 있다는 것을 보여준다. 또한 오늘날에는 하드웨어와 소프트웨어 측면을 둘 다 포함하는 고성능 컴퓨팅을 가르쳐야 할 필요가 대두되었다. 실생활 응용에서 데이터가 얼마나 효율적으로 저장되어 이용되는지는 그 예측의 정확성만큼이나 중요할 수 있다. 데이터 과학을 배우는 학생은 또한 데이터 프라이버시 및 보안의 기본사항들을 숙지하고 있어야 하며 윤리와 법 분야에서 데이터 수집과 분석이 가지는 시사점을 알아야 한다.

머신러닝과 인공지능, 그리고 우리의 미래

Machine Learning, Artificial Intelligence, and the Future

머신러닝은 인공지능을 달성할 수 있는 하나의 방법이다. 데이터 집합으로 훈련하거나 강화 학습을 이용한 반복적 시도를 통해 특정 맥락에서 지능을 나타내는 성능 기준을 극대화하기 위해 작동하는 컴퓨터 프로그램을 가질 수 있다.

여기서 중요한 점은 지능이 추상적인 용어이며 컴퓨터 시스템의 성능을 평가하기 위한 응용 가능성은 오해의 소지가 있을 수 있다는 것이다. 예를 들어, 체스를 두는 것과 같이 인간에게도 어려운 작업으로 컴퓨터를 평가하는 것은 지능을 평가하기에 좋은 방법은 아니다. 체스는 심사숙고와 계획을 필요로 하기 때문에 인간에게 어려운 작업이다.

인간은 다른 동물들과 유사하게 제한된 감각 데이터를 가지고 제한된 컴퓨팅 능력으로 빠른 결정을 내릴 수 있도록 진화하였다. 컴퓨터의 경우에는 체스를 두는 것보다 상대방의 얼굴을 인식하는 것이 더 어렵다. 컴퓨터가 세계 최고의 인간 체스 선수보다 체스를 더 잘 둘 수 있다는 것이 컴퓨터가 더 우수하다는 지표는 아니다. 인간의 지능은 체스와 같은 작업을 위해 진화하지 않았기 때문이다.

연구자들은 인공지능의 시험 영역으로 게임을 이용한다. 게임이 상대적으로 형식적인 규칙을 가지고 있어 정의하기가 쉽고, 승패에 대한 명시된 기준이 있기 때문이다. 특정 수의 말들이나 카드가 존재하며, 임의성이 있다 하더라도 그 형태가 분명히 정의되어 있다. 예를 들어, 주사위는 공평해야 할 것이며, 카드 패로부터 뽑는 카드는 일정해야 한다. 그것을 거스르려는 시도는 속임수로 간주된다. 실생활에서는 온갖 종류의 임의성이 일어나며, 생존을 위해 모든 종들은 나머지 다른 종들보다 더 우수한 속임수를 쓰기 위해 천천히 진화하고 있다.

중대한 문제는 특정 행동이 지능으로 고려되는 행동이 되기 위해서 성능 기준이 어때야 하는지(즉, 우리가 지능을 어떻게 측정하는지)이며 그러한 성능 기준이 분명하지 않은 작업이 있는지의 여부다. 우리는 이미 의사결정의 특정 유형에서 작용하는 윤리적이고 법적인 우려사항에 대해 논하였다.

더 많은 컴퓨터 시스템이 데이터로부터 훈련되어 자율적인 결정을 내리므로, 우리는 컴퓨터에 너무 의존하는 것에 대한 우려를 할 필요가 있다. 여기서의 중요한 필요조건은 소프트웨어 시스템의 검증과 식별, 달리 말하면 프로그램이 해야 하는 일을 하고, 하지 말아야 하는 일을 하지 않음을 확인하는 것이다. 이것은 훈련이 데이터의 온갖 종류의 임의성과 최적화를 다루기 때문에 데이터로 훈련한 모델의 경우에는 어려울 수 있다. 이것은 훈련된 소프트웨어를 프로그램된 소프트웨어보다 예측하기 어렵게 만든다. 또 다른 우려사항은 데이터의 일반 행동을 학습하는 모델은 잘 드러나지 않거나 이상점에 대해 우수한 결정을 내리지 못할 수 있다는 점이다.

예컨대, 추천 시스템이 과거의 사용 및 선호도에 너무 많이 의존할 수 있다는 데에는 중대한 위험성이 있다. 만약 개인이 이전에 듣고 즐겼던 음악만 듣거나 이전에 보고 즐겼던 영화와 유사한 영화만을 관람한다면 더 이상의 새로운 경험이 없을 것이며 개인 및 늘 무언가 판매해야 할 새로운 제품을 찾기 위해 노력하는 모든 회사에 제한이 될 것이다. 그러므로 추천 시스템 계획이 어떤 것이든 다양성을 도입하려는 시도 역시 병행되어야 한다.

최근의 연구는(Bakshy, Messing, & Adamic, 2015) 소셜 미디어에서의 상호작용에서도 유사한 위험이 존재한다는 것을 밝혀냈다. 만약 개인이 자신과 유사한 생각만 하는 사람들만 팔로우하고, 자신이 과거에

읽었던 것과 유사한 게시글, 메시지, 그리고 뉴스만 읽는다면, 그들은 다른 사람들의 의견을 잘 알지 못할 것이며 이것은 상대적으로 더 넓은 범위의 뉴스와 의견을 담고 있는 신문이나 TV와 같은 전통적 뉴스 미디어 창구와는 반대로 그들의 경험을 제한하게 될 것이다.

지능이 구체화되고 시스템이 물리적인 행동을 취할 때, 그 행동의 정확성은 훨씬 더 중요한 문제가 되며, 심지어 인간 목숨이 걸린 문제가 될 수도 있다. 그런 시스템은 꼭 무기를 장착한 드론이 되어야 할 필요가 없다. 자동화된 차량도 나쁘게 운전하게 된다면 무기가 될 수 있다. 이런 우려를 고려할 때 일반적인 기대 값이나 실용적인 접근법은 다음에서 제시되는 것의 변종인 '트롤리의 딜레마trolley problems'에서 논의되는 것처럼 적용되지 않는다.

자동으로 운전이 되는 차량을 타고 있는데 아이가 갑자기 차도에 뛰어든다고 가정해보자. 그 차가 너무나 빠르게 운전하고 있어서 멈출 수가 없다고 하자. 하지만 이 차량은 자체적으로 우측으로 핸들을 꺾어 아이를 치지 않게 피해갈 수 있다. 하지만 그 아이의 어머니가 그 도로의 우측에 서 있다고 해보자. 이럴 경우 자동화된 차량은 어떤 결정을 내려야 할까? 계속 전진해서 아이를 쳐야 하는가, 아니면 오른쪽으로 핸들을 돌려 어머니를 쳐야 할까? 우리는 어떻게 이러한 결정에 대한 프로그램을 짤 수 있을까? 아니면 그 차가 여러분의 목숨이 그 아이나 어머니의 목숨보다도 가치가 없다는 계산을 해서 왼쪽으로 핸들을 돌려서 절벽으로 떨어져야 하는가?

수많은 연구자들에게 인공지능이 약속하는 힘은 우려사항이며, 이를 규제해야 한다는 요구가 있다는 사실은 놀랍지도 않다. 최근 인터뷰에 따르면 저명한 인공지능 연구자이자 이 분야의 선도적 교과서의 공동 저자인 스튜어트 러셀Stuart Russell은 무제한의 지능은 무제한의 에너지만큼이나 위험할 수 있으며, 그렇게 통제되지 않는 인공지능은 핵무기만큼이나 위험할 수 있고 주장했다. 여기에서 어려움은 이 새로운 지능의 자원을 악이 아닌 선을 위해 사용하고, 사람들의 행복을 증가시키며, 극소수의 이익을 증가시키기보다는 인류의 효익을 위해 사용되어야 한다는 점이다.

일부 사람들은 바로 결론으로 건너뛰어 인공지능에 관한 연구가 어느 날 우리를 지배하기 위한 무쇠 괴물로 변하지는 않을지 두려워한다. 프랑켄슈타인 박사의 전자적 창조물이 등장하리라 생각하는 것이다. 필자는 이러한 일이 영영 일어나지 않으리라 믿는다. 하지만 오늘날에는 차량에서부터 상품의 거래까지 다양한 응용 분야에서 데이터를 통해 훈련함으로써 우리를 대신해 의사결정을 내려주는 자동화 시스템이 존재한다. 필자는 초지능적 기계가 나타날 가능성에 대해 두려워하기보다는 프로그램이 잘못 짜여 지거나 잘못 훈련된 소프트웨어를 두려워해야 할 이유가 더 많다고 생각한다.

오늘날 우리는 빅 데이터와 함께 살아가며 머지 않은 미래에 그 데이터는 더 커질 것이다. 센서는 더 저렴해지고 있으며 그에 따라 더 널리, 더 정확히 사용되고 있다. 컴퓨터 역시 그 처리 능력이 더욱 더 커져가고 있다. 연구자들이 새로운 기술들, 그리고 그래핀과 같이 더 많은 것을 약속해주는 재료들을 발견함에 따라 우리는 물리학이 정한 한계로부터 더 요원해지는 것처럼 보인다. 또 새로운 제품들을 3D 프린팅 기술을 이용해 훨씬 빨리 디자인하고 제조할 수 있다. 그리고 이렇게 만들어진 제품들은 더욱 스마트해져야 할 것이다.

훈련된 모델은 더 많은 데이터와 계산을 이용해 점점 더 지능화될 수 있다. 현재의 심층 신경망이 충분히 심층적이지는 않다. 손으로 쓴 숫자들이나 대상의 부분집합을 인식하기 위한 일부 제한적 맥락 내에서 충분한 추상성을 학습할 수는 있으나, 우리의 시각 피질이 가진 장면 인식 능력과는 거리가 멀다. 텍스트의 많은 부분으로부터 언어적 추상화를 학습할 수는 있다. 그러나 짧은 이야기에 대한 질문들에 답을 할 정도의 충분한 현실적 이해와는 동떨어져 있다. 학습 알고리즘의 규모를 어떻게 확대할 것인지에 관한 문제는 아직 해결되지 않았다.

심층 신경망에 더욱 더 많은 층들을 더하고, 그것을 더욱 더 많은 데이터로 훈련시킨다면 우리의 시각피질만큼이나 훌륭한 모델을 학습할 수 있을까? 엄청나게 많은 데이터로 학습된 아주 거대한 모델을 소유함으로서 한 언어에서 다른 언어로 번역을 하기 위한 모델을 얻을 수 있을까? 그 답은 '그렇다'가 된다. 우리의 뇌가 바로 그러한 모델이기 때문이다. 하지만 이러한 규모의 확장은 점점 어려워질 것 같다. 비록 우리가 특화된 하드웨어를 갖고 태어났지만, 생애 첫 문장을 말하기 전 주변 환경을 관측하는 데까지는 수년의 시간이 걸린다.

영상 분야에서는, 바코드에서 광학식 문자 판독 장치OCR로, 그리고 얼굴 인식기로 인식 장치가 진화함에 따라 우리가 점점 더 복잡해지는 과제들의 순서를 정의내릴 수 있게 된다. 그 과제들 중 일부는 필요를 해결해주는 것들이며 다른 일부는 제 때 잘 팔리는 제품이다. 그것은 단순한 과학적 호기심 이상으로, 연구와 개발을 지원하는 자본화의 과정이다. 우리의 학습 시스템이 더욱 지능적이게 될수록 그 시스템들은 점점 더 스마트해지는 제품과 서비스에서 그 사용법을 찾게될 것이다.

지난 반세기 동안, 우리는 컴퓨터가 인간의 삶에서 새로운 응용 분야를 발견하고 그것이 우리의 삶까지 변화시켜 컴퓨터의 사용을 더 쉽게 만들어 주는 것을 봐왔다. 이와 마찬가지로 우리의 기기가 더 스마트해짐에 따라 우리가 살아가는 환경, 그리고 그 환경에서의 삶이 바뀌게 될 것이다. 각 시대는 그 시대의 현재 기술을 사용해 제약이 따르는 환경을 정의할 것이며, 이러한 것들은 새로운 발명과 새로운 기술을 촉진시킬 것이다. 만약 우리가 2,000년을 거슬러 올라가 로마인들에게 핸드폰 기술을 준다 하더라도 그 사람들은 여전히 말을 타고 다니고, 삶의 나머지 부분들은 계속 뒤떨어져있기 때문에 그들의 삶의 질을 획기적으로 개선하지는 못할 것 같다. 기계들에게 인간 수준의 지능을 요구하는 세상은 매우 다른 세상이 될 것이다.

우리가 언제 그 정도 수준의 지능에 도달할 수 있을지, 그리고 얼마나 많은 처리와 훈련이 필요하게 될 것인지는 아직 분명하지 않다. 현재의 머신러닝은 그것을 달성하기 위해 가장 유망한 분야인 것처럼 보이므로 이 분야에 계속 관심을 가지길 바란다.

우리가 머신러닝에 관심을 가지는 이유

1. 이것들은 영어 알파벳 및 구두법을 위해 고안된 ASCII 코드를 사용한다. 우리가 오늘날 사용하는 문자 암호화 체계는 다른 언어의 다른 알파벳을 다룬다.
2. 스스로 부가가치를 만들어내는 것은 처리 능력도, 저장 용량도, 연결성도 아니다. 높은 인구가 반드시 더 큰 노동력을 의미하지는 않는 것처럼 말이다. 마찬가지로, 개발도상국에 있는 막대한 수의 스마트폰이 곧 부유함으로 해석되는 것은 아니다.
3. 컴퓨터 프로그램은 작업을 위한 알고리즘과 처리된 정보를 디지털 방식으로 표현하기 위한 데이터 구조로 구성되어 있다. 컴퓨터 프로그래밍을 다룬 중대한 책의 제목은 바로 이것이다:
   알고리즘 + 데이터 구조 = 프로그램
4. 초기의 과학자들은 물리적인 세계를 설명하는 이러한 규칙들의 존재가 오직 신만이 만들어낼 수 있는 질서 정연한 우주의 표상이라고 믿었다. 자연을 관찰하고 자연 현상에 규칙을 맞추려 하는 시도는 메소포타미아에서 처음 시작되어 오랜 역사를 가진

다. 초기에는 사이비 과학을 과학으로부터 분리할 수 없었다. 돌아보건대, 고대 사람들이 점성술을 믿은 사실은 놀랍지 않다. 만약 태양과 달의 움직임에 대한 균형과 규칙이 있어 일식을 예측할 수 있다면, 비교적 사소해 보이는 인간의 움직임에 대한 균형과 규칙의 존재는 그리 허황된 소리가 아닌 것처럼 들린다.

머신러닝, 통계, 그리고 데이터 분석

1. https://en.wikipedia.org/wiki/Depreciation.
2. 인공지능의 역사를 닐슨(Nilsson, 2009)의 글에서 참조하도록 한다.
3. 기대치 혹은 기대 효용을 기반으로 결정을 내리는 어떤 실생활의 시나리오가 최선이 아닐 수도 있음에 대해 센델(Sandel, 2012)을 참조하도록 하자. 파스칼의 내기Pascal's wager(신을 믿는 게 안 믿는 것보다 수학적으로는 더 이익이라는 논증-옮긴이)는 적용되지 말아야 하는 분야에서의 기대치 계산 응용에 대한 또 다른 사례다.

패턴 인식

1. 여기서 우리는 인풋이 이미지인 시각적 문자 인식에 대해 논하고 있다. 여기에서는 글을 터치패드에서 작성하는 펜 기반 문자 인식 역시 존재한다. 이러한 경우에 인풋은 이미지가 아니라 터치에 민감한 표면에 문자를 작성하는 펜 끝에 대한 좌표 위의 (x, y) 시퀀스다.
2. F가 독감flu을 뜻하고 N이 콧물을 뜻한다고 하자. 베이즈 정리를

통해 우리는 다음과 같이 작성할 수 있을 것이다.

P (F | N)= P (N | F) P (F)/ P (N),

여기서 P (N | F)는 독감에 걸린 환자가 콧물이 날 수 있다는 조건적 확률이다. P(F)는 콧물의 여부와는 무관하게 환자가 독감에 걸렸을 확률이며, P(N)은 환자가 독감에 걸렸는지의 여부와 무관하게 환자가 콧물이 날 확률이다.

3. 수많은 공상과학 영화에서 로봇들은 시각, 음성 인식, 그리고 자율적인 움직임에서 매우 뛰어나지만 아직도 감정이 담기지 않은 "로봇과도 같은" 목소리로 말한다는 점은 아주 흥미롭다.
4. 베이지안 추정은 베이즈 정리를 확률 이론(우리는 이것을 이전에 본 적이 있다)으로 사용한다. 이 규칙은 장로교회의 목사였던 토마스 베이스(Thomas Bayes, 1702-1761)의 이름을 따왔다. 이전 데이터의 전제와 관찰할 수 있는 데이터의 전제가 작업을 자연스럽게 따라야 한다.

여기서 어디를 향해 가야 하는가?

1. 빛의 속도는 초당 약 300,000km를 이동하므로, 데이터 센터까지 1,000km를 이동하는 데까지 약 3.33밀리초밖에 걸리지 않는다. 전자 기기의 경우에는 이것이 그렇게 작은 숫자가 아니다. 연결은 절대 직접적이지 않으며, 항상 중간에서 경로를 지정해주는 라우팅(routing) 기기 때문에 지연된다. 그리고 응답을 받기

위해서는 먼저 질문을 보내야 하기 때문에 그 시간은 두 배로 늘어남을 기억하자.

2. 더 알고 싶다면, *대량 데이터 분석의 프런티어*(Frontiers in Massive Data Analysis, 워싱턴 DC: National Academies Press, 2013)라는 책을 참조하도록 하라.

용어 사전

※ 가나다순으로 핵심 용어를 간결하게 정리하였다.

강화 학습 Reinforcement learning

강화 학습은 비판적으로 학습하는 것이라고 알려져 있기도 하다. 에이전트는 행동 시퀀스를 취하며 끝에 가서 보상/벌을 받고, 중간 행동을 하는 동안에는 피드백을 받지 않는다. 이 제한적인 정보를 사용해 에이전트는 나중의 시도에서 보상을 최대화하기 위한 행동을 생성하는 법을 배운다. 예를 들어, 체스 게임은 말을 움직이는 것이지만, 마지막에는 체스 게임에서 승리하거나 패배한다. 여기서는 어떤 행동이 이 결과를 이끌어냈던 것인지를 알아내야 하며 그에 상응하여 그 행동들을 믿어야 한다.

검증 Validation

훈련하는 동안에 보지 못한 데이터를 대상으로 시험함으로써 훈련된 모델의 일반화 성능을 시험하는 것이다. 일반적으로 머신러닝에서는 일부 데이터를 검증 데이터로 제외했다가 훈련 이후에 이 제외했던 데이터로 시험한다. 이 검증 정확도는 모델이 나중에 실생활에서 사용되었을 때 어느 정도의 성능을 보일지에 대한 추정이다.

고성능 컴퓨팅 High-performance computing(HPC)

오늘날 우리가 겪는 빅 데이터 문제를 적절한 시간 내에 해결하기 위해서는 저장과 계산이 가능한 강력한 컴퓨팅 시스템이 필요하다. 고성능 컴퓨팅의 영역은 클라우드 컴퓨팅과 같은 접근법을 포함한다.

군집화 Clustering

유사한 인스턴스들을 클러스터로 묶는 것이다. 이것은 클러스터를 형성하는 인스턴스들이 감독관이 명시적으로 라벨링labeling하여 인스턴스를 클래스에 배정하는 분류 작업과는 반대로, 서로의 유사성을 기반으로 클러스터를 형성하므로 비지도 학습unsupervised learning 기법이다.

그래픽 모델 Graphical model

확률 개념 간의 의존성을 표현하는 모델이다. 각각의 노드는 다른 사실성의 정도를 가진 개념이며 노드들 사이의 연결은 조건부 의존성을 나타낸다. 만약 비로 인하여 풀이 젖었다는 것을 안다면, 비에 대한 노드를 하나 정의 내리고, 젖은 풀에 대한 노드를 하나 정의 내려 비 노드에서 젖은 풀 노드까지 직접 연결할 것이다. 그러한 네트워크에 대한 확률적 추론은 효율적인 그래프 알고리즘으로써 적용될 수 있다. 또한 네트워크는 시각적인 표현으로 이해를 돕는다. 베이지안 네트워크라고도 알려진 이 네트워크에서 사용되는 추론 규칙 중 하나가 바로 베이즈 정리이다.

데이터 과학 Data science

최근에 컴퓨터 과학과 공학에서 제안된 분야로써 머신러닝, 고성능 컴퓨팅, 그리고 데이터 프라이버시/보안으로 구성되어 있다. 데이터 과학은 우리가 수많은 다른 시나리오에서 직면하고 있는 '빅데이터' 문제를 체계적인 방법으로 해결할 수 있도록 하기 위해 제안된 영역이다.

데이터 마이닝 Data mining

방대한 양의 데이터로부터 정보를 추출하기 위한 머신러닝이자 통계적 방법이다. 예컨대, 장바구니 분석에서 많은 트랜잭션 개수를 분석함으로써 연관 법칙을 찾는 것이다.

데이터베이스 Database

디지털 방식으로 표현된 정보를 효율적으로 저장하고 처리하기 위한 소프트웨어.

데이터 분석 Data analysis

정보를 방대한 양의 데이터로부터 추출하기 위한 컴퓨팅 기법이다. 데이터 마이닝은 머신러닝을 이용하며 데이터에 따라 처리된다. OLAP은 더 사용자 주도적이다.

데이터 웨어하우스 Data warehouse

구체적인 데이터 분석 작업을 선택하고, 추출하고, 조직한 데이터 부분집합이다. 원 데이터는 매우 상세하고 몇 개의 다른 작업 데이터베이스에 위치할 수 있다. 웨어하우스가 이를 병합해 요약한다. 웨어하우스는 읽기 전용이다. 이는 OLAP 및 시각화 도구나 데이터 마이닝 소프트웨어를 통해 데이터에 깔려 있는 과정에 대하여 높은 수준의 개요를 제공한다.

딥러닝 Deep learning

로우 인풋raw input에서 아웃풋으로 추상화하는 몇몇 단계에서 모델을 훈련시키기 위해 사용되는 기법이다. 예를 들어, 시각 인식에서 가장 낮은 층은 픽셀로 구성된 이미지다. 각 층에서 올라감에 따라, 더 높은 층의 딥 러너가 이들을 혼합해 획과 다른 방향의 모서리를 형성하며 더 긴 선, 호, 그리고 모서리와 교차점을 탐지하는데, 이는 사각형이나 원 등을 형성하기 위해 결합될 수 있다. 각 층의 단위들은 추상화의 다른 층에서 최소 단위의 집합으로 고려될 수 있다.

만약-그렇다면 규칙 IF-THEN rules

"만약(IF) 선행사건-그렇다면(THEN) 결과"의 형태로 쓰여진 의사결정 규칙이다. 선행사건은 논리적인 조건이며 IF가 인풋에 대해 참이라면 그 결과로 일어난 행동이 수행된다. 지도 학습에 있어 그 결과는 특정 아웃풋을 선택하는 것에 해당된다. 규칙 베이스rule base는 수많은 IF-THEN 규칙으로 구성되어 있다. IF-THEN 규칙으로 작성할 수 있는 모델은 이해하기가 쉬우며 규칙 기반은 지식 추출을 가능하게 해준다.

모델 Model

인풋과 아웃풋 사이의 관계를 공식화하는 템플릿이다. 모델의 구조는 고정되어 있지만 조정할 수 있는 매개변수를 가지고 있다. 다른 작업들에서 다른 관계들을 시행할 수 있게 하기 위해 그 매개변수들이 조정됨에 따라 다른 매개변수들을 가진 동일한 모델이 다른 데이터에서 훈련될 수 있다.

모수적 방법 Parametric methods

데이터에 대해 강한 추정을 하는 통계 기법이다. 이 추정이 사실이라면 컴퓨팅 및 데이터에 있어서 매우 효율적이다. 그러나 그러한 추정이 항상 사실이 아닐 수 있다는 위험이 있다.

문서 범주화 Document categorization

일반적으로 텍스트 안에서 나타나는 단어들을 기반으로 문서 텍스트를 분류하는 것(예컨대 '단어 가방'의 표현 등을 사용하는 것)이다. 예를 들어 신문 문서는 정치, 예술, 스포츠 등으로 분류할 수 있다. 또 이메일은 스팸과 스팸이 아닌 이메일로 분류할 수 있다.

문자 인식 Character recognition

인쇄하거나 손으로 쓴 글을 인식하는 것이다. 시각 인식에서 인풋은 시각적인 것이고 카메라나 스캐너로 감지된다. 펜 기반 인식에서 터치패드에 글을 쓰고 인풋은 펜 끝의 좌표에 따른 일시적 시퀀스다.

베이즈 정리 Bayes' rule

확률 이론의 한 축으로써, 독립적이지 않은 두 개 이상의 임의 변수들에 대한 것이다. 어떤 사건 A의 또 다른 사건 B에 대한 조건부확률은 사건 B의 사건 A에 대한 조건부확률과는 일반적으로 다르다. 이 두 확률 간에는 다음과 같은 관계가 존재한다.

P (B | A) = P (A | B) P (B) / P (A)
P (원인 | 결과) = P (결과 | 원인) X P (원인) / P (결과)

예를 들어, 이 식이 P (A | B)가 주어진 진단에서 사용된다면 B는 A의 원인이 된다. P (B | A)를 계산하는 것 역시 진단을 가능케 한다. 그것은 증상 A에 따른 원인 B의 확률 계산이다.

옮긴이: 이 경우 P(A)를 A에 대한 사전확률prior probability이라고 하며, 여기서 '사전 prior'의 의미는 사건 B가 영향을 미치지 않은 상태다. P(A | B)는 사후확률posterior probability이라고 하며, 사건 B가 발생할 경우 A의 조건부확률이다. 이 사후확률 P(A | B)는 사건 B에 대한 구체적인 정보에 의존한다.

베이지안 네트워크 Bayesian network

그래픽 모델을 참조하자.

베이지안 추정 Bayesian estimation

표본뿐만 아니라 이전 분포로 주어진 알려지지 않은 매개변수에 대한 사전 정보를 사용하는 매개변수 추정 기법이다. 이것은 데이터의 정보와 혼합되어 베이즈 정리에 따라 사후 분포를 계산할 수 있게 한다.

병렬 분산 처리 Parallel distributed processing(PDP)

작업이 동시에 발생하는 더 작은 작업들로 나뉘어 각각을 다른 프로세서에서 실행할 수 있는 계산 패러다임이다. 더 많은 프로세서를 사용함으로써 전체적인 계산 시간이 감소된다.

분류 Classification

주어진 인스턴스를 클래스들의 집합 중 하나에 배정하는 것이다.

불량 조건 문제 Ill-posed problem

유일한 솔루션을 찾기에 충분한 데이터가 주어지지 않은 문제다. 데이터에 모델을 맞추는 것은 불량 조건 문제이며, 고유의 모델을 얻기 위해서는 추가적인 추정을 해야 한다. 그러한 추정은 학습 알고리즘의 귀납적 편향이라고 불린다.

비매개변수적 기법 Nonparametric methods

데이터의 속성에 대해 강한 추정을 하지 않는 통계적 기법이다. 그러므로 이 방법은 더 유연한 반면에 그 속성들을 충분히 제어하기 위해서는 더 많은 데이터를 필요로 할 수 있다.

사이버 물리 시스템 Cyber-physical systems

물리적인 세상과 직접적으로 상호작용하는 컴퓨팅 요소들이다. 일부는 모바일의 요소일 수 있다. 그것들은 작업을 협업적인 방법으로 수행하기 위해 네트워크로 조직될 수 있다. 또한 이 개념은 임베디드 시스템이라는 이름으로도 알려져 있다.

사전 분포 Prior distribution

미지의 매개변수가 데이터를 살피기 전에 취할 수 있는 값의 분포다. 예를 들어, 고등학생들의 평균 몸무게를 추정하기 전에, 우리는 이것이 100에서 200 파운드 사이일 것이라고 믿을 수 있다. 그러한 정보는 데이터가 적다면 특히나 유용하다.

사후 분포 Posterior distribution

알려지지 않은 매개변수가 데이터를 살펴본 뒤에 취할 수 있는 값의 분포다. 베이즈 정리는 우리가 사전 분포와 데이터를 혼합해 사후 분포를 계산할 수 있게 한다.

생물 정보학 Bioinformatics

생물학적 데이터를 분석하고 처리하기 위해 머신러닝을 사용하는 것을 포함한 계산 기법이다.

생물 측정 Biometrics

생리적 특성(예컨대, 얼굴이나 지문)과 행동적 특성(예컨대, 서명이나 발걸음)을 이용한 사람들의 인식 및 인증 방법이다.

순위 Ranking

이것은 회귀와 다소 유사한 작업이지만 오직 아웃풋이 올바른 순서인지에만 상관한다. 예를 들어, 영화 A와 B에 대하여, 만약 사용자가 B보다 A를 더 재미있어 했다면 우리는 B보다 A의 점수가 더 높게 추정되기를 원한다. 회귀에는 존재하는 절대적인 점수 값은 없지만, 그 상대값에 대한 제약은 존재한다.

스마트 기기 Smart device

감지된 데이터를 가지고 디지털 방식으로 나타내며 이 데이터에 대하여 어떤 계산을 하는 기기다. 그 기기는 모바일 상태거나 온라인 상태일 수 있다. 즉 이는 다른 스마트 기기, 컴퓨터, 혹은 클라우드와 데이터를 교환하는 능력을 가지고 있다.

시간차 학습 Temporal difference learning

이전 행동에 대해 현재 행동의 좋은 속성을 지원해 학습을 하는 강화 기법이다. 대표적인 예로 Q 러닝 알고리즘이 있다.

신경망 Neural network

뉴런이라 불리는 단순한 처리 단위들의 네트워크와 시냅스라고 불리는 뉴런들 사이의 연결점들로 구성된 모델이다. 각각의 시냅스에는 방향과 가중치가 있으며, 그 가중치는 이전 뉴런이 그 이후 뉴런에 미치는 효과를 정의한다.

얼굴 인식 Face recognition

카메라로 포착한 사람들의 얼굴 이미지로부터 그들의 정체를 인식하는 것이다.

역전파 알고리즘 Backpropagation

아웃풋 단위에서 근사 오류를 감소시키고, 연결 가중치가 반복적으로 업데이트되는 지도 학습을 위해 사용되는 인공 신경망을 위한 학습 알고리즘이다.

연결주의 Connectionism

병렬로 작동되는 여러 단순한 처리 장치들의 네트워크 운용에 따라 신경이 모델링되는 인지과학의 신경망 접근법이다. 이것은 병렬 분산 처리parallel distributed processing라고 불리기도 한다.

연관성 분석 Association rules

장바구니 분석에서 두 개 이상의 항목을 연관 짓는 "만약-그렇다면" 규칙. 예를 들면 이런 것이다. "종종 기저귀를 구매하는 사람들은 맥주도 구매한다."

오캄의 면도날 Occam's razor

불필요하게 복잡한 설명보다 단순한 설명을 선호할 것을 권장하는 철학적 휴리스틱(시간이나 정보가 제한적이어서 합리적인 판단이 어려울 때 신속하게 사용하는 즉흥적이고 직관적인 판단과 선택의 기술-옮긴이)이다.

온라인 분석 처리, 올랩 Online analytical processing(OLAP)

데이터 웨어하우스로부터 정보를 추출하기 위해 사용되는 데이터 분석 소프트웨어다. OLAP(대체로 '올랩'이라고 불린다-옮긴이)은 사용자가 가설에 대해 생각하는 방식으로 사용자를 따르며, OLAP 도구를 사용하는 것은 그러한 가설을 데이터가 지지하는지를 확인한다. 머신러닝은 자동 데이터 분석이 사용자가 이전에 생각하지 않은 의존성을 발견할 수 있다는 점에서 데이터를 따른다.

오토인코더 네트워크 Autoencoder network

신경망의 일종으로 아웃풋에서 그 인풋을 재구성하도록 훈련 받은 것이다. 인풋보다 중간의 숨겨진 단위가 더 적기 때문에 네트워크는 숨겨진 단위에서 짧고 압축된 표현을 배워야 하며, 이는 추상화의 과정으로 해석될 수 있다.

웹 스크래핑 Web scraping

자동으로 웹서핑을 하여 웹페이지들에 있는 정보를 추출하여 저장해주는 소프트웨어('스크린 스크래핑'이라고도 한다-옮긴이)다.

음성 인식 Speech recognition

마이크가 포착한 음향 정보에서 들리는 문장을 인식하는 것이다.

의사결정 트리 Decision tree

결정 노드와 잎들로 구성된 계층적 모델. 의사결정 트리를 이용하면 작업을 빠르게 할 수 있으며 "만약-그렇다면(IF-THEN)" 규칙으로 변환해 지식 추출을 가능하게 한다.

이상점 탐지 Outlier detection

이상점, 어나멀리anomaly(데이터베이스가 잘못 설계되어 사용자의 의도와는 다르게 나타나는 이상 현상-옮긴이), 혹은 새로움novelty은 표본 내의 다른 인스턴스들과는 매우 다른 인스턴스다. 이상 금융거래 탐지 시스템과 같은 특정 응용 분야에서 우리는 일반적인 규칙들에 위배되는 예외적인 이상점에 관심을 가진다.

익명화 Anonymization

정보원을 고유하게 식별할 수 없도록 정보를 제거하거나 숨기는 것이다. 생각하는 것만큼 직선적이지 않다.

인공지능 Artificial intelligence

인간이 해야 하는 작업 중 '지능'을 필요로 하는 작업을 컴퓨터가 하도록 프로그래밍 하는 것이다. 이것은 인간위주의 애매모호한 용어다. 컴퓨터를 "인공지능을 가진 것"이라고 부르는 것은 운전을 "인공 달리기"라고 부르는 것과 같은 이치다.

일반화 Generalization

훈련 집합을 학습한 모델이 훈련하는 동안에는 볼 수 없었던 새로운 데이터를 얼마나 잘 수행하는지를 의미한다. 이것이 머신러닝의 핵심이다. 교사는 해당 과목을 시험 볼 때 그가 강의를 하는 동안 풀었던 연습 문제와 다른 질문을 던지고, 학생의 성적은 이러한 새로운 질문들에 얼마나 잘 답했는지에 따라 측정된다. 교사가 수업 시간에 푼 문제만 풀 수 있는 학생은 충분히 학습하지 않은 것이다.

임베디드 시스템 Embedded systems

사이버 물리 시스템을 참고하라.

자연어 처리 Natural language processing

인간 언어를 처리하기 위해 사용되는 컴퓨터 기법으로, '컴퓨터 언어학'이라고 불리기도 한다.

잠재적 의미 분석 Latent semantic analysis(LSA)

관찰 데이터의 대량 표본에서 의존성을 나타내는 숨은 (잠재) 변수의 작은 집합을 찾는 학습 기법이다. 숨은 변수는 추상적인 (예를 들면, 의미론적인) 개념과 일치할 수 있다. 예컨대, 각 신문의 기사는 다수의 "주제들"을 포함한다고 할 수 있으며, 이러한 주제 정보가 데이터에서 지도된 방식에 의해 명시적으로 주어지지는 않지만, 우리는 각 주제가 특정 단어의 집합에 의해 정의된 방식과 각 신문 기사가 특정 주제로 정의되는 것을 데이터로부터 학습할 수 있는 것이다.

장바구니 분석 Basket analysis

장바구니는 함께 구매한(예컨대, 슈퍼마켓 등에서) 항목들의 집합이다. 장바구니 분석은 같은 장바구니 안에서 빈번하게 함께 발생하는 항목들을 찾는 것이다(할인점의 판매 데이터를 분석해보니 아기용 기저귀가 맥주와 함께 구매되고 있다는 사실을 발견한 뒤 할인행사나 매장의 상품 배치에 활용한 고객관계관리 기법-옮긴이), 그러한 항목들 사이의 의존성은 연관성 분석에 의해 표현된다.

제너레이티브 모델 Generative model

데이터가 생성되었다고 믿는 방식을 나타내기 위해 그러한 방식으로 정의된 모델이다. 우리는 데이터를 생성하는 숨겨진 원인들과 더 높은 층위에 숨겨진 원인들에 대해 생각한다. 미끄러운 도로는 사고를 유발할 수 있고, 도로가 미끄러운 원인은 비가 될 수 있다.

지도 학습 Supervised learning

모델이 인풋에 대해 올바른 아웃풋을 생성하는 법을 배우는 머신러닝의 일종이다.

모델은 주어진 인풋에 대해 이상적인 아웃풋을 제공할 수 있는 지도가 준비한 데이터로 훈련을 받는다. 분류와 회귀는 지도 학습의 예시다.

지식 추출 Knowledge extraction

일부 응용에서, 특히 데이터 마이닝에서 모델을 훈련하고 나면 우리는 모델이 무엇을 학습했는지 이해할 수 있기를 원한다. 이것은 이 분야에 대한 전문적 지식이 있는 사람들이 모델을 검증하는 데 사용될 수 있을 것이며, 이는 데이터를 생성한 과정을 이해할 수 있게 도와준다. 일부 모델은 이해하기 어렵다는 점에서 "검은 상자"다. 또 선형 모델과 의사결정 트리와 같은 일부 모델은 해석이 가능하며 훈련 모델로부터 지식을 추출할 수 있게 한다.

차원 축소 Dimensionality reduction

인풋 속성의 수를 감소시키기 위한 기법이다. 응용에 있어서 인풋의 일부는 정보를 제공하지 않을 수 있고, 또 일부는 동일한 정보를 제공하는 다른 방식들에 해당할 수 있다. 인풋의 수를 축소시키는 것은 학습된 모델의 복잡성을 감소시켜 줄 뿐만 아니라 훈련을 더 쉽게 만들어 준다. 특징 선택 및 특징 추출을 참고하자.

최근접 이웃법 Nearest-neighbor methods

가장 유사한 훈련 인스턴스들에 관한 인스턴스를 해석하여 목표 값을 예측하는 모델이다. 유사한 인풋은 유사한 아웃풋을 가진다는 가장 기본적인 추정을 사용한다. 그 모델은 인스턴스-, 메모리-, 혹은 사례 기반 기법이라고도 불린다.

클라우드 컴퓨팅 Cloud computing

컴퓨팅에 있어서 최근의 패러다임은 데이터와 계산이 지역적이지 않고 멀리 떨어진 데이터 센터에서 다루어지는 것이다. 일반적으로 그러한 데이터 센터는 무수히 많지만, 다른 사용자의 작업이 사용자에게는 보이지 않는 방식으로 분배되었다. 이것은 이전에는 그리드 컴퓨팅grid computing이라고 불렸다.

클래스 Class

동일한 정체성을 가지고 있는 인스턴스들의 집합이다. 예를 들어 'A'와 'A'는 같은 클래스에 속하는 것이다. 머신러닝에서는 각각의 클래스에 대하여 그 표본들의 집합으로부터 판별식을 배운다.

특징 선택 Feature selection

유용하지 않은 특징을 버리고 유용한 정보만을 선택적으로 유지하는 방법이다. 차원 축소를 위한 또 다른 기법이다.

특징 추출 Feature extraction

차원 축소를 위한 기법으로써, 새롭고 더 유용한 정보를 제공하는 특징을 정의하기 위해 여러 가지의 고유 인풋들을 결합시키는 것이다.

판별식 Discriminant

클래스의 요인이 되기 위한 인스턴스의 조건을 정의하고 그 조건들을 다른 클래스의 인스턴스들과 구분하는 규칙이다.

패턴 인식 Pattern recognition

패턴은 데이터의 특정 배열이다. 예를 들어 'A'는 세 개의 획으로 구성되어 있다. 패턴 인식은 그러한 패턴들을 탐지하는 것이다.

퍼셉트론 Perceptron

퍼셉트론은 신경망의 한 유형으로, 각 층위에서 이전 층위에 있는 단위들로부터 커넥션connection(접속)을 받고 그 아웃풋을 다음에 오는 층위의 단위에 제공하도록 되어 있는 층위들에 조직되어 있다.

표본 Sample

관측 데이터의 집합이다. 통계학에서는 인구와 표본을 구분한다. 가령 고등학생들을 대상으로 비만을 연구하고 싶다고 하자. 인구는 모든 고등학생이 될 것이며, 모든 고등학생의 몸무게를 측정하는 것은 불가능할 것이다. 그 대신에, 예를 들자면 임의로 1,000명의 부분집합을 표본으로 취해 몸무게를 측정할 수 있는 것이다. 그 1,000개의 값이 표본인 셈이다. 우리는 인구에 대해 추론하기 위해 그 표본을 분석한다. 우리가 표본으로부터 추산하는 값이 무엇이든 그것이 바로 통계다. 예컨대, 표본 내의 학생 1,000명의 몸무게 평균은 통계이자 인구의 평균치에 대한 추정량이다.

회귀 Regression

주어진 인스턴스에 대한 수치의 추정이다. 예를 들어, 차량의 속성에 따라 중고차량의 가격을 추정하는 것이 회귀 문제다.

단어 가방 Bag of words

N개 단어의 어휘 목록을 미리 정하고, N의 길이 리스트에 따라 각각의 문서로 표현한다. 단어 i가 문서에 존재할 경우 요소 i가 1이 되고, 그게 아니라면 0이 되는 문서 표현 기법이다.

Q 러닝 Q learning

특정 상태에서 행동의 적합도 값이 표(또는 함수)에 저장되는, 시간차 학습을 기반으로 하는 강화 학습 기법. Q로 표기되는 경우가 빈번하다.

더 읽어보면 좋은 책들

영어 원서들이지만 머신러닝을 더 깊이 이해하고자 하는 독자들을 위해 저자가 권장하는 도서들이라 소개한다.

Duda, R. O., P. E. Hart, and D. G. Stork. 2001. Pattern Classification. 2nd ed. New York: Wiley.

Feldman, J. A. 2006. From Molecule to Metaphor: A Neural Theory of Language. Cambridge, MA: MIT Press.

Hastie, T., R. Tibshirani, and J. Friedman. 2011. The Elements of Statistical Learning: Data Mining, Inference, and Prediction. New York: Springer.

Kohonen, T. 1995. Self-Organizing Maps. Berlin: Springer.

Manning, C. D., and H. Schutze. 1999. Foundations of Statistical Natural Language Processing. Cambridge, MA: MIT Press.

Murphy, K. 2012. Machine Learning: A Probabilistic Perspective. Cambridge, MA: MIT Press.

Pearl, J. 2000. Causality: Models, Reasoning, and Inference. Cambridge, UK: Cambridge University Press.

Witten, I. H., and E. Frank. 2005. Data Mining: Practical Machine Learning Tools and Techniques. 2nd ed. San Francisco, CA: Morgan Kaufmann.

지은이 소개

에템 알페이딘
ETHEM ALPAYDIN

로잔공과대학에서 박사 학위를 받고 터키 이스탄불의 명문 보아지치대학교 컴퓨터공학과 교수로 재직 중이다. 세계적인 인공지능 전문가로 머신러닝을 전문적으로 연구하고 있다. 머신러닝 교과서로 널리 사용되고 있는 머신러닝 개론(Introduction to Machine Learning)의 저자다.